AF830234

HARTMANN VON AUE · IWEIN

Hartmann von Aue

IWEIN

Textausgabe

WALTER DE GRUYTER & CO.

BERLIN 1968

Der Text dieser Studienausgabe wurde unverändert gedruckt nach der Ausgabe „Iwein. Eine Erzählung von Hartmann von Aue, herausgegeben von G. F. Benecke und K. Lachmann, neu bearbeitet von Ludwig Wolff. Siebente Ausgabe. Berlin 1968.

©

Archiv-Nr. 45 63 68/3

Copyright 1968 by Walter de Gruyter & Co., vormals G. J. Göschen'sche Verlagshandlung — J. Guttentag, Verlagsbuchhandlung — Georg Reimer — Karl J. Trübner — Veit & Comp. — Printed in Germany — Alle Rechte des Nachdrucks, einschließlich des Rechtes der Herstellung von Photokopien — auch auszugsweise vorbehalten.

Satz und Druck: Walter de Gruyter & Co., Berlin 30

Vorwort

Als bahnbrechendem Herausgeber deutschmittelalterlicher Dichtung werden wir Karl Lachmann immer dankbare Bewunderung bewahren und die textkritische Meisterschaft anerkennen, die sich bei scharfsinnigem Blick auf umfassende Sprachkenntnisse und feines Stilempfinden gründete und sich auch bei der Iwein-Ausgabe, zu der er sich mit Georg Friedrich Benecke verbunden hatte, vielfach bewährt hat. Dennoch ist es nur natürlich, daß der Text sich heute in vielen kleinen Einzelheiten ändern muß. Über 120 Jahre sind vergangen, seit die 2. Auflage die endgültige Gestalt erhalten hatte, und die Wissenschaft hat seither nicht geruht. In eindringlichen, die gesamten Dichtungen Hartmanns umfassenden Untersuchungen hat man immer bessere und fester begründete Kenntnisse von seinen Sprachformen erarbeitet. Ich nenne nur aus den Abhandlungen zur Germanischen Philologie, Festgabe für Richard Heinzel (Halle 1898), die Arbeit von C. v. Kraus, Das sogenannte 2. Büchlein und Hartmanns Werke, und K. Zwierzinas Beobachtungen zum Reimgebrauch Hartmanns und Wolframs, weiter die Mittelhochdeutschen Studien von Zwierzina in der Zeitschrift für deutsches Altertum Band 44 und 45 (1900 und 1901), dazu die Studien zur Reimgrammatik von A. Schirokauer in P. B. Beiträge 47, 1922, auch Gierachs Untersuchungen zum Armen Heinrich in der Zeitschrift für deutsches Altertum 54 und 55 (1913 und 1917), weiter H. Sparnaay, Die Doppelformen in den Reimen des Iwein und des Armen Heinrich (erstmals Neophilologus 1930, nun H. Sparnaay, Zur Sprache und Literatur des Mittelalters, Groningen 1961, 115ff.). Was man hier und in anderen Arbeiten ermittelt hat, muß natürlich im Text des Iwein berücksichtigt werden.

Wenn wir über den Wortlaut nicht selten zu anderen Entscheidungen kommen, muß sich dies auch daraus ergeben, daß von der ganzen Zahl der Iwein-Handschriften Lachmann erst der kleinere Teil bekannt war. Dazu mußte er auch, wie es damals noch vielfach war, ohne eigene Einsicht in die Originale auskommen. Abschriften Beneckes, die doch nicht fehlerfrei waren, lagen ihm von den beiden wichtigsten Handschriften vor, von der alten Heidelberger Pergamenthandschrift (A) und von der Gießener (B) mit der alten Ergänzung der Lücken (e), ferner von Vers 4633—4790 und 6767—6818 der Berliner (Riedegger) Handschrift (E), von der Benecke im übrigen viele Lesarten in die Abschrift von B eingetragen hatte, dazu von Vers 1—606 der

Heidelberger Papierhandschrift 316 (c) und das Weitere aus der Heidelberger Papierhandschrift 391 (b). Das Fragment der Bayrischen Staatsbibliothek (C) kannte er aus einer Abschrift Docens, die Florentiner Handschrift (D) und die Ambraser (d) in unzuverlässigen Drucken. Schließlich hatte er von Adelung eine Abschrift der Dresdener Handschrift M 175 (a) erhalten, wobei V. 518—573 aber von Gottsched aus der anderen Dresdener Handschrift M 65 (f) ergänzt waren. Seither hatte nur Moritz Haupt in der 3. Auflage (1868) die Lesarten der Bruchstücke FGH nachgetragen.

Die Ausgabe von Fedor Bech in den Deutschen Classikern des Mittelalters, 1. Auflage Leipzig 1868, 4. Auflage 1902, gründete sich nicht auf eigenes Handschriftenstudium. Erst Emil Henrici hat für seine zweibändige Ausgabe (Germanistische Handbibliothek VIII) Halle 1891/93 das gesamte Handschriftenmaterial, soweit es damals bekannt war, durchgearbeitet und für seine Textherstellung verwertet. Nur einige Bruchstücke sind später noch hinzugekommen (QRS und Teile von H und M). Auf die Lesarten Lachmanns und Henricis gründete sich Hans Steinger in seiner Ausgabe mit ihrer wohlüberlegten Textgestaltung (Hartmann von Aue, Erec/Iwein, bearb. von H. Naumann u. H. Steinger, Deutsche Literatur in Entwicklungsreihen, Leipzig 1933).

Durch die so viel reichere und genauere Kenntnis der handschriftlichen Überlieferung, die uns heute zu Gebote steht, ändern sich natürlich in sehr vielen Fällen die Voraussetzungen für die textkritischen Überlegungen. Wesentliche Ergebnisse und viele Vorschläge zur Änderung von Lachmanns Text brachten schon die umfangreichen Untersuchungen von Hermann Paul, der freilich noch nicht wesentlich mehr von der Überlieferung kannte, über Das gegenseitige Verhältnis der Handschriften von Hartmanns Iwein, P. B. Beiträge 1 (1874), 288 ff. Henrici mußte durch seine Handschriftenkenntnis dann natürlich vielfach zu anderen Entscheidungen kommen. Als bedeutsam und weiterführend traten dazu die Besprechung seiner Ausgabe von Zwierzina, Anzeiger für deutsches Altertum 22 (1896), 180 ff. und dessen Aufsatz Allerlei Iwein-Kritik, Zeitschrift für deutsches Altertum 40, 225 ff. aus dem gleichen Jahre.

Wenn wir in den Handschriften immer wieder auf größere und kleinere Lücken stoßen, die großenteils versehentlich entstanden sind, z. T. aber auch absichtliche Streichungen sein werden, so bringen die meisten auch mancherlei Zusätze, die von einzelnen Reimpaaren bis zu bedeutenden Erweiterungen reichen, und dazu finden sich Umstellungen einzelner Versgruppen. Hieraus ergeben sich besondere Fragen. Umstritten ist es, ob V. 8121—8136 von Hartmann stammen. Ich glaube, daß wir darin einen nachträglichen Zusatz des Dichters haben, und solche Ergänzungen in der endgültigen Fassung haben wir, wie die Überlieferung schließen läßt, wohl auch in V. 7459—7465 und 7695—7702 (schwerlich in V. 5167—5174). Man vgl. die Anmerkungen, auch zu 7219—7234. Als nachträglich verworfene Verse betrachte ich 297—298.

Lachmann hat sich sehr oft an die Handschrift A gehalten, nicht bloß, wo sie von anderen Handschriften bekräftigt wurde und ihre Fassung damit nach den Grundsätzen der Textkritik als gesichert gelten konnte, sondern auch in vielen Fällen, wo sie ganz allein stand. Selbst bei sprachlichen Erscheinungen hat er sich in manchem an sie angeschlossen, obwohl sie, wie wir uns sagen müssen, mit ihren ripuarisch-niederrheinischen Eigentümlichkeiten der Sprache Hartmanns recht fern steht. Man vergleiche hierzu Paul a. a. O. 291ff. und Zwierzina, AfdA 22, 181. Mitunter hat Lachmann aber auch eine Lesart aufgenommen, die eine andere, sonst nicht als wertvoll erachtete Handschrift bot, oder er hat auch Besserungen gewagt, die der Überlieferung in allen Handschriften widersprechen. Weitgehend hat er sich weniger von einer strengen Methode leiten lassen als vielmehr von dem feinen Sprach- und Stilgefühl, das er sich im vertrauten Umgang mit den Dichtungen der Zeit erworben hatte, und das ihm mehr bedeutete als alles andere. Bestimmend traten dazu seine metrischen Lehren, von denen er vieles in seinen Anmerkungen zum Iwein dargelegt und begründet hat. Zu großen Teilen können wir sie heute nicht mehr aufrechterhalten. Sie gaben Lachmann vielfach die Richtlinien für die Formung der Texte, aus denen doch erst bei dieser Herstellung die volle Gültigkeit zu erweisen war. Sicherlich kommt der Textkritiker nicht ganz ohne solchen Rundschluß aus. Aus einer überwiegenden, bei weitem überwiegenden Zahl von Beobachtungen, die sich unzweideutig aus dem Text ergeben, schließt er auf eine dem Dichter vorschwebende Regel, der er bei der Textgestaltung folgen darf, sofern und soweit die feststellbaren Sprachformen dazu stimmen, und die Überlieferung die Formung glaubhaft erscheinen läßt. Aber wir sind jetzt doch der Meinung, daß Lachmann, um seine metrischen Thesen durchzuführen, zu oft nur aus diesem Grunde und nicht selten etwas gewaltsam den Text umformen mußte, auf den die Überlieferung und die sonstigen Überlegungen führen. Wir glauben, daß die Verse Hartmanns nicht in jeder Hinsicht durch so feste Regeln eingeengt waren, auch noch im Iwein, wo sie jedenfalls ebenmäßiger geworden sind, und wir sehen, daß der Versbau bei den Dichtern dieser Zeit erhebliche Unterschiede aufweist. Wenn von der Textgestaltung Lachmanns auch aus diesem Grunde öfter abzuweichen ist, können die Verse hier und dort dadurch noch etwas lebendiger werden. Gerade an der rhythmischen Linie hängt ja so viel von der dichterischen Wirkung. So hart wie in der Ausgabe von Henrici, der sich zum Schaden der rhythmischen Form zu stark an die Gießener Handschrift mit ihren Apokopierungen und Synkopierungen gehalten hat, waren die Verse aber auch nicht.

Ich nenne zum Metrischen als neuere Arbeit die umfangreiche Dissertation (Maschinenschrift) von Kurt Schacks, Metrische Beobachtungen zu Hartmann von Aue. Fragen der Taktfüllung, insbesondere in den kurzen Versen, Berlin 1955, sowie seinen kurzen Aufsatz Beschwerte Hebungen bei Otfried u. Hartmann, Festgabe f. U. Pretzel (Berlin 1963), 72ff.

Nicht selten sind übrigens die Fälle, wo ich zuerst von der Fassung Lachmanns glaubte abgehen zu müssen und später doch zu ihr zurückgekehrt bin. Sein feines Verständnis hatte doch das Richtige erfaßt. Ich habe auch allerlei leichte Sandhi-Erscheinungen beibehalten, die Lachmann aus der Handschrift A aufgenommen hatte. Wenn es sich auch in keiner Weise beglaubigen läßt, daß Hartmann so geschrieben hätte, kann man das doch als mögliche Wiedergabe seiner Sprache nehmen, und der Text erhält dadurch, worum es auch Lachmann ging, im Unterschied von dem starren Schema, das in den kritischen Ausgaben meist die Herrschaft führt, einen Hauch von dem lebendigen gesprochenen Wort, den ihm der mündliche Vortrag sicher gab.

Wieweit die von Lachmann in großem Umfang angesetzten Zusammenziehungen schwachtoniger Wörtchen gingen (*manz*, *ern* für *er in*, *nust* für *nû ist*), ist nicht sicher zu bestimmen. Im Vortrag, dem es um den Versklang geht, kamen sie sicherlich stärker zur Geltung als im Schriftbild, das sich an die normale Vollform der Wörter zu halten pflegt. Für uns nicht feststellbare Stufengrade der Verkürzung gibt es bei der Endsilbe *-en*, für die Lachmann im Reim einfaches *-n* gesetzt hat (in Fällen wie *geschehn* jetzt für manche leicht irreführend). Dem Sprechenden wird es, wie wir es an uns selbst erfahren, meist gar nicht bewußt geworden sein, ob er im Einzelfall volles *-en* oder silbischen Nasal oder nach Liquida konsonantisches *n* sprach. Die Schrift ersetzt die verschiedenen klanglichen Gestalten durch ein Schema. Vgl. auch zu 992.

Ebenso wie man bislang in den Ausgaben es gehalten hat, setze ich die Absätze so, wie mir der Text am besten zur Geltung zu kommen scheint, d. h. etwas reichlicher, als es in den Handschriften, deren Abschnittsinitialen ich verzeichne, im ganzen geschieht (verschiedentlich habe ich doch Absätze Lachmanns weggelassen). Über die Gliederung der Hartmannschen Dichtungen in Abschnitte, wie sie aus der handschriftlichen Überlieferung zu erschließen ist, haben wir eine Arbeit von Hansjürgen Linke, Gießen, zu erwarten.

Eine wesentliche Hilfe für unsere Arbeit bedeutet immer noch das ausgezeichnete Wörterbuch zu Hartmanns Iwein von G. F. Benecke (ursprünglich 1833) in der 3. Ausgabe (Leipzig 1901), die C. Borchling mit Hinweisen auf die neuere einschlägige Literatur sinnvoll und sorgfältig bearbeitet hat. Die neue Gestalt des Textes wird nunmehr einige Änderungen nötig machen. Nützlich sind natürlich auch die Reimwörterbücher, zu denen man immer wieder greift. Leider nicht zuverlässig ist Emma Bürck, Sprachgebrauch und Reim in Hartmanns Iwein, mit einem Reimwörterbuch zum Iwein (Münchener Texte, Ergänzungsreihe H. 11), München 1922; ganze Reimgruppen fehlen. Dazu kommt für die anderen Werke Hartmanns Franz Jandebeur, Reimwörterbücher und Reimwortverzeichnisse (Münchener Texte, Ergänzungsreihe Reimwörterbuch H. 5), München 1926, und ferner Guido C. Riemer, Wörterbuch und Reimverzeichnis zu dem Armen Heinrich Hartmanns von Aue

(Hesperia Nr. 3), Göttingen 1912. Auch die ältere Arbeit von B. J. Vos, The Diction and Rime-Technic of Hartman von Aue, New York und Leipzig 1896 sei genannt. Sie brachte mancherlei interessante Feststellungen. Hierzu kommen natürlich noch verschiedene Einzeluntersuchungen zu Vers und Sprache, die ich hier nicht aufzählen will; man findet sie am besten in der Literaturgeschichte Ehrismanns. Auf das Literarische brauche ich hier nicht einzugehen.

Alle Mühe, die für die Dichtung Hartmanns die ursprüngliche Gestalt zurückgewinnen möchte, macht doch sehr empfindlich die Grenzen merkbar, die uns gesetzt sind. Wenn sich durch die Arbeit von Forschungsgenerationen auch nicht wenig bessern läßt, was in der Überlieferung entstellt oder unsicher ist, so bleibt doch manches, das sich nicht eindeutig entscheiden läßt. Es gibt manche Fälle, wo man bei zwei Möglichkeiten für jede Seite erwägenswerte Gründe und Gegengründe geltend machen kann. Wir wissen nicht in allem, wie weit die Reimformen auch für das Versinnere gelten. Die Wortverkürzungen in der Gießener Hs. B widersprechen sicher der Dichtersprache Hartmanns, aber in manchen Einzelpunkten ist es doch kaum zu entscheiden, ob er Zusammenziehungen oder eine Synkope verwendet hat; die Form der Hss. kann uns darüber keinen Aufschluß geben. Wenn ich mir solcher Unsicherheiten wohl bewußt bin, hoffe ich dennoch, daß wir dem echten Hartmann, um den es Lachmann zu tun war, mit der Neubearbeitung seiner Ausgabe ein wirkliches Stück nähergekommen sind.

Nach dem Vorgang Henricis vermerke ich, so weit das bei der freien Übertragung Hartmanns angeht, auf dem rechten Rand der Textseite die Zahlen entsprechender Verse oder des Anfangs entsprechender Abschnitte bei Chrestien (in Klammern bei nur entfernter, aber doch beachtenswerter Ähnlichkeit), ebenso auch das Fehlen von Versgruppen und Abschnitten bei ihm. Ich folge der Ausgabe von Wendelin Förster (A. Hilka), habe aber die von Mario Roques, Paris 1964 (leicht abweichende Zählung) verglichen.

Was die Anmerkungen Beneckes brachten, ging in seiner Bedeutung über diesen Text hinaus. Er hatte, wie Lachmann sagte, „den Ruhm, mit Sinn und bescheidener Sorgfalt zuerst ein ganz neues Verständnis der mittelhochdeutschen Poesie eröffnet zu haben“. Immer wieder hat man aus seinen Anmerkungen gelernt, und sie haben ein bleibendes Verdienst um die geschichtliche Entwicklung der Germanistik. Zur Entlastung dieser Ausgabe habe ich sie dennoch weggelassen. Sehr vieles davon — abgesehen von den kurzen Angaben im Iwein-Wörterbuch — finden wir jetzt im Mittelhochdeutschen Wörterbuch, das ja im Nachlaß Beneckes eine unschätzbare Grundlage hatte, dazu im Lexer. Im übrigen sind die älteren Auflagen in allen Bibliotheken und Seminaren zur Hand und auch sonst weit verbreitet.

Die Lesarten sind durch die planmäßige Verarbeitung aller Hss. stark angewachsen, wenn ich sie auch durch Weglassung der rein sprachlichen Besonderheiten der einzelnen Schreiber entlastet habe. Auch was textkritisch nicht in Betracht kommt, kann zur Beurteilung der Hss. und Handschriftenverhältnisse beitragen oder aus irgendwelchen Gründen doch Bedeutung gewinnen. Nicht angeführt sind bis auf Einzelnes, was für die Feststellung der richtigen Namensform Bedeutung hatte, die vielfach weit auseinander führenden, stark entstellten Varianten der Eigennamen, die Henrici in Bd. 2, 520ff. im Einzelnen angibt.

Die Anmerkungen, in denen er seine textkritischen Entscheidungen begründete und soviel Lehrreiches zur Sprache brachte, hatte Lachmann in die Lesarten verflochten. Ich habe sie daraus losgelöst und ihnen jeweils in einem besonderen Abschnitt zugeordnet. Die Argumente, die er für seine Textgestaltung anführt, sollten nicht verschwiegen werden. Auf eine Wiederholung der von ihm für eine Erscheinung gegebenen Belege verzichte ich jedoch, wo in neueren Untersuchungen eine vollständige Sammlung und Übersicht gegeben wird, auf die ich verweisen kann. Es geht hier ja nur um den Text des Iwein. Soweit es tunlich ist, vermerke ich, was seither über die von Hartmann verwendeten Sprachformen und die dabei auftretenden Wandlungen festgestellt ist. Von den metrischen Ausführungen gebe ich nur eine Zusammenfassung. Wer sich mit der Geschichte der deutschen Philologie und der wissenschaftlichen Persönlichkeit Lachmanns beschäftigt und sich im einzelnen mit seinen metrischen Ausführungen und Thesen auseinandersetzen will, wird doch zu den älteren Ausgaben greifen, die seine Textfassung enthalten und in jeder Bibliothek vorhanden sind, und wird dazu seine anderen Arbeiten, auch den Briefwechsel mit den Brüdern Grimm, heranziehen. Wo ich ihn hier zu Worte kommen lasse, ist die Schreibung (nicht die Lautform) der heutigen angepaßt. Für die Rechtfertigung des Textes, zu dem ich nunmehr gekommen bin, beschränke ich mich auf die nötigen Hinweise.

Marburg, November 1967. Ludwig Wolff

Aus der Vorrede Lachmanns

Sie begann mit Worten warmer Anerkennung für Benecke, aus denen ich oben schon einen Satz angeführt habe. Das, was er an ihm rühmte, und worum es ihnen beiden ging, war „das philologische Verständnis, das mit folgsamer Hingebung die Gedanken, Absichten und Empfindungen des Dichters, wie sie in ihm waren und wie sie den Zeitgenossen erscheinen mußten, rein und voll zu wiederholen sucht, alles Schöne freudig mit genießend, das Unvollkommene oder Häßliche, wo es nicht überwiegt, mehr entschuldigend und erklärend als aus den Ansichten anderer Zeit oder gar eines Einzelnen bitter tadelnd. Zu einem Verständnis dieser Art ist freilich niemand zu führen, der nicht besondere Anlagen und mancherlei Kenntnisse mit bringt, vor allem aber Unbefangenheit und den guten Willen, sich Zeit zu nehmen und die Poesie auf sich nach des Dichters Absicht unterhaltend oder bewegend einwürken zu lassen: denn auch die gewaltigste fesselt nur den Empfänglichen, und sein Urteil befreit nur, wer sich willig ergeben hat. Wiewohl ein Urteil, ein unumstößliches Kunsturteil, maßt die Philologie sich nicht an, weil sie auf dem historischen Boden bleibt: aber die ganze dichterische und menschliche Gestalt des Dichters mit seiner gesamten Umgebung sich in allen Zügen genau vorzustellen, ist die Vollendung des wahren Verstehens, ist das Ziel der philologischen Auffassung."

„Die teilnehmende menschliche Auffassung der alten Schriftsteller, ein Anschauen der Bildung und des gesamten Lebens ihrer Zeit, das Vergegenwärtigen der Vergangenheit, der Umgang mit dem Altertum, für den deutschen Gelehrten, weil ihm Egoismus widernatürlich ist, ebenso wohl Bedürfnis als die Hingebung an die Gegenwart und bescheidenes Einwürken auf die Zeitgenossen, leitet zum Ernst und zur Milde, zum Trost und zum Aufschwung, zur Besonnenheit und zur Gewandtheit, vor allem aber zu sorgfältiger Treue, zum Eifer für die Wahrheit und wider den Schein. Dahin richtet sich unser wohl bewußtes Streben, und wenigstens gefühlt haben als das Seinige muß dies, wer sich zu uns rechnen will. Wie viel jeder Einzelne würklich leisten kann, darüber haben wir nicht zu richten: aber nur Wahrhaftigkeit und sich selbst vergessende, strenge Sorgfalt kann uns fördern.

Was unsre Arbeit an dem vorliegenden Gedichte betrifft, so hoffen wir, dem Bedürfnis und dem Urteil unserer Zeitgenossen ziemlich zu genügen. Die Nachwelt, die unser mühselig Gewonnenes schon fertig überliefert empfängt, wird, weil sie unsere Dürftigkeit nicht begreift, unsern Fleiß und unsere geistige Anstrengung nicht genug ehren: dafür haben wir die herzliche Lust des ersten Erwerbes voraus gehabt.

Die Worte des Dichters habe ich so genau und ursprünglich zu geben gesucht, als es mir möglich schien; so daß ein etwas vorbereiteter Leser nur lesen darf, was gedruckt steht, um den Eindruck rein zu empfangen. Mögen noch etliche kleine Flecken sein, das gesamte Bild wird sich hell und sicher zeigen."

Weiter führte er aus, wie verkehrt es gewesen wäre, „wenn ich, dem immer wieder auftauchenden Aberglauben nachgebend, statt der mühsam erforschten echten Überlieferung die Willkür und die Unart eines einzelnen Schreibers gegeben hätte! Kleinigkeiten, die zu lernen noch immer Zeit ist, lägen dann vielleicht offner da, aber die Auffassung des Ganzen wäre getrübt und verwirrt. Die Auffassung zu erleichtern dient vor allem die Interpunktion; ist sie nicht sehr genau, so entsteht bei dem heutigen Leser kein deutliches Bild des Periodenbaus, und er schreibt unvermeidlich die Rohheit und das Ungeschick des Herausgebers dem Dichter zu. Ich habe sie so einzurichten gesucht, daß sie dem Leser das Zusammengehörige und was er trennen soll, im Augenblick deutlich mache. Nur muß er freilich mit gespannter Aufmerksamkeit lesen, nicht obenhin mit den Augen: und er muß beachten, was zu seiner Bequemlichkeit angeordnet ist, zum Beispiel, daß vor dem Nachsatz immer ein Komma steht, daß das Semikolon ein großes Komma und das Kolon einen kleineren Punkt bezeichnet."

Über die Erzählung sagte er damals: „Die Dunkelheit des Ganzen ist gleich in allen Überlieferungen. So viel sieht jeder, daß in einer älteren Darstellung Iwein die Frau des Brunnens von einem räuberischen Gemahl befreite, und zu ihrer undankbaren Härte die Treue des Löwen einen Gegensatz bildete. Aber das war schon längst unklar geworden. Woher die Wunder des Brunnens und des Ringes stammten, und was ihr Besitz eigentlich gewährte, war den Erzählern so wenig deutlich als uns: sie fragten nur weniger danach, weil sie gewohnt waren, verdunkelte Sagen, eigne und fremde, mit dem leicht befriedigten Gefühl heiliger Scheu zu glauben. Hat doch nicht einmal Wolfram von Eschenbach das Wesen des Gralkönigtums in ein helles Licht gesetzt, er, der im Auffassen eines großen geistigen Zusammenhangs über vielen Dichtern steht. Dazu hat Hartmann den liebenswürdigen Leichtsinn seines Erecs nie umgebildet: aber er weiß gegen Wolframs herbe Tugenden viel Einschmeichelndes zu setzen."

Swer an rehte güete *fehlt für 1—3*
wendet sîn gemüete,
dem volget sælde und êre.
des gît gewisse lêre *2*
künec Artûs der guote, *1*
der mit rîters muote *fehlt für 6—11*
nâch lobe kunde strîten.
er hât bî sînen zîten
gelebet alsô schône
daz er der êren krône
dô truoc und noch sîn name treit.
des habent die wârheit *37*
sîne lantliute:
sî jehent er lebe noch hiute:
er hât den lop erworben,
ist im der lîp erstorben,
sô lebet doch iemer sîn name.
er ist lasterlîcher schame
iemer vil gar erwert,
der noch nâch sînem site vert.
Ein rîter, der gelêret was
unde ez an den buochen las,
swenner sîne stunde *fehlt für 23—30*
niht baz bewenden kunde,
daz er ouch tihtennes pflac
(daz man gerne hœren mac,
dâ kêrt er sînen vlîz an:
er was genant Hartman
und was ein Ouwære),
der tihte diz mære.
Ez hete der künec Artûs *3*
ze Karidôl in sîn hûs
zeinen pfingesten geleit
nâch rîcher gewonheit
ein alsô schœne hôchzît
daz er vordes noch sît

deheine schœner nie gewan.
deiswâr dâ was ein bœser man
in vil swachem werde:
wan sich gesament ûf der erde
bî niemens zîten anderswâ
sô manec guot ritter alsô dâ.
ouch wart in dâ ze hove gegeben
in allen wîs ein wunschleben:
in liebte hof und den lîp
manec maget unde wîp,
die schœnsten von den rîchen.
mich jâmert wærlîchen,
und hulfez iht, ich woldez clagen, *18*
daz nû bî unseren tagen
selch vreude niemer werden mac
der man ze den zîten pflac.
doch müezen wir ouch nû genesen. *fehlt für*
ichn wolde dô niht sîn gewesen, *53—55*
daz ich nû niht enwære,
dâ uns noch mit ir mære
sô rehte wol wesen sol:
dâ tâten in diu werc vil wol.
  Artûs und diu künegin,
ir ietwederz under in
sich ûf ir aller willen vleiz.
dô man des pfingestages enbeiz, *(8)*
männeclîch im die vreude nam
der in dô aller beste gezam.
dise sprâchen wider diu wîp,
dise banecten den lîp, *fehlt für*
dise tanzten, dise sungen, *66—70*
dise liefen, dise sprungen,
dise hôrten seitspil,
dise schuzzen zuo dem zil,
dise redten von seneder arbeit, *13*
dise von *grôzer* manheit.
Gâwein ahte umb wâfen: *fehlt für*
Keiî leite sich slâfen *73—76*
ûf den sal under in:
ze gemache ân êre stuont sîn sin.
  Der künec und diu künegin *49*
die heten sich ouch under in

ze handen gevangen
und wâren ensament gegangen
in eine kemenâten dâ
und heten sich slâfen sâ
mê durch gesellescbaft geleit
dan durch deheine trâkheit.
si entsliefen beidiu schiere.
do gesâzen ritter viere, *53*
Dodines und Gâwein,
Segremors und Îwein,
(ouch was gelegen dâ bî
der zuhtlôse Keiî)
ûzerhalp bî der want:
daz sehste was Kâlogrenant.
der begunde in sagen ein mære,
von grôzer sîner swære
und von deheiner sîner vrümekheit.
dô er noch lützel hete geseit,
dô erwachte diu künegin
unde hôrte sîn sagen hin in.
sî lie ligen den künec ir man
unde stal sich von im dan,
und sleich zuo in sô lîse dar
daz es ir deheiner wart gewar,
unz si in kam vil nâhen bî
und viel enmitten under sî.
niuwan eine Kâlogrenant, *67*
der spranc engegen ir ûf zehant,
er neic ir unde enpfienc sî.
do erzeicte aber Keiî
sîn alte gewonheit:
im was des mannes êre leit,
und beruoft in drumbe sêre
und sprach im an sîn êre.
  Er sprach 'her Kâlogrenant, *71*
uns was ouch ê daz wol erkant
daz under uns niemen wære
sô höfsch und als êrbære
als ir wænet daz ir sît.
des lâzen wir iu den strît
vor allen iuwern gesellen,
ob wir selbe wellen:

iuch dunket des man süln iu lân.
ouch solz mîn vrouwe dâ vür hân: *77*
sî tæte iu anders gewalt:
iuwer zuht ist sô manecvalt,
und ir dunket iuch sô volkomen.
deiswâr ir hât iuch an genomen
irne wizzet hiute waz.
unser deheiner was sô laz,
heter die künegîn gesehen,
im wær diu selbe zuht geschehen
diu dâ iu einem geschach.
sît unser keiner sîne sach, *84*
od swie wir des vergâzen,
daz wir stille sâzen, *81*
dô möht ouch ir gesezzen sîn.'
des antwurt im diu künegîn. *87*
Sî sprach 'Keiî, daz ist dîn site,
und enschadest niemen mê dâ mite *fehlt für*
danne dû dir selbem tuost, *138—153*
daz dû den iemer hazzen muost
deme dehein êre geschiht.
dû erlâst dîns nîdes niht
daz gesinde noch die geste:
der bœste ist dir der beste
und der beste der bœste.
eins dinges ich dich trœste:
daz man dirz immer wol vertreit,
daz kumt von dîner gewonheit,
daz dûs die bœsen alle erlâst
und niuwan haz ze den vrumen hâst.
dîn schelten ist ein prîsen
wider alle die wîsen.
dune hetest diz gesprochen,
dû wærst benamen zebrochen; *86*
und wære daz, weiz got, vil wol,
wan dû bist bitters eiters vol,
dâ dîn herze inne swebet *fehlt für*
und wider dînen êren strebet.' *157—158*
Keiî den zorn niht vertruoc, *92*
er sprach 'vrouwe, es ist genuoc.
ir habt mirs joch ze vil gesaget:
und het irs ein teil verdaget,

daz zæme iuwerm namen wol.
ich enpfâhe gerne, als ich sol,
iuwer zuht und iuwer meisterschaft:
doch hât sî alze grôze kraft.
ir sprechet alze sêre
den rittern an ir êre.
wir wârens an iu ungewon:
ir werdet unwert dervon.
ir strâfet mich als einen kneht.
gnâde ist bezzer danne reht.
ichn hân iu selhes niht getân,
irn möhtet mich wol leben lân:
und wær mîn schulde grœzer iht,
so belibe mir der lîp niht.
vrouwe, habet gnâde mîn,
und lât sus grôzen zorn sîn.
iuwer zorn ist ze ungenædeclich:
nien brechet iuwer zuht durch mich.
mîn laster wil ich vertragen,
daz ir ruochet gedagen.
ich kume nâch mînen schulden
gerne ze sînen hulden:
nû bitet in sîn mære, *102*
des ê begunnen wære,
durch iuwer liebe volsagen.
man mac vil gerne vor iu dagen.'
Sus antwurte Kâlogrenant *106*
'ez ist umb iuch alsô gewant
daz iu daz niemen merken sol,
sprechet ir anders danne wol.
mir ist ein dinc wol kunt: *fehlt für 193—203*
ezn sprichet niemannes munt
wan als in sîn herze lêret:
swen iuwer zunge unêret,
dâ ist daz herze schuldec an.
in der werlte ist manec man
valsch und wandelbære,
der gerne biderbe wære,
wan daz in sîn herze enlât.
swer iuch mit lêre bestât,
deist ein verlorniu arbeit.
irn sult iuwer gewonheit

durch nieman zebrechen.
der humbel der sol stechen:
ouch ist reht daz der mist *116*
stinke swâ der ist:
der hornûz der sol diezen.
ichn möhte niht geniezen
iuwers lobes und iuwer vriuntschaft,
wan iuwer rede hât niht kraft:
ouch enwil ich niht engelten
swaz ir mich muget schelten.
war umbe solt ir michs erlân?
ir hât ez tiurerm man getân. *112*
doch sol man ze dirre zît
und iemer mêre swâ ir sît
mînes sagennes enbern:
mîn vrouwe sol mich des gewern *120*
daz ichs mit hulden über sî.'
dô sprach der herre Keiî
'Nu enlânt disen herren
mîne schulde niht gewerren:
wan dien hânt wider iuch niht getân.
mîn vrouwe sol iuch niht erlân
irn saget iuwer mære;
wan ez niht reht wære,
engultens alle sament mîn.'
dô sprach diu guote künegîn *131*
'herre Kâlogrenant,
nû ist iu selbem wol erkant,
und sît erwahsen dâ mite,
daz in sîn bœse site
vil dicke hât entêret
und daz sich niemen kêret
an deheinen sînen spot.
ez ist mîn bete und mîn gebot
daz ir saget iuwer mære;
wandez sîn vreude wære, *fehlt für*
heter uns die rede erwant.' *240—241*
dô sprach Kâlogrenant
'Swaz ir gebietet, daz ist getân. *142*
sît ir michs niht welt erlân,
so vernemet ez mit guotem site,
unde mietet mich dâ mite:

ich sag iu deste gerner vil,
ob manz ze rehte merken wil.
man verliuset michel sagen, 151
man enwellez merken unde dagen.
maneger biutet diu ôren dar:
ern nemes ouch mit dem herzen war,
sone wirt im niht wan der dôz,
und ist der schade alze grôz:
wan si verliesent beide ir arbeit,
der dâ hœret und der dâ seit.
ir muget mir deste gerner dagen:
ichn wil iu keine lüge sagen. 171
Ez geschach mir, dâ von ist ez
[wâr,
(es sint nû wol zehen jâr)
daz ich nâch âventiure reit,
gewâfent nâch gewonheit,
ze Breziljân in den walt. 189
dâ wârn die wege manecvalt:
dô kêrt ich nâch der zeswen hant 180
ûf einen stîc den ich dâ vant.
der wart vil rûch und enge:
durch dorne und durch gedrenge
sô vuor ich allen den tac,
daz ich vür wâr wol sprechen mac
daz ich sô grôze arbeit
nie von ungeverte erleit.
und dô ez an den âbent gienc,
einen stîc ich dô gevienc:
der truoc mich ûz der wilde,
und kam an ein gevilde.
dem volget ich eine wîle, 192
niht vol eine mîle,
unz ich eine burc ersach:
dar kêrt ich durch mîn gemach.
ich reit gegen dem bürgetor:
dâ stuont ein rîter vor.
er hete, den ich dâ stânde vant,
einen mûzerhabech ûf der hant: 199
diz was des hûses herre.
und als er mich von verre
zuo ime sach rîten,

nune mohter niht erbîten
und enlie mir niht die muoze
daz ich zuo sînem gruoze
volleclîchen wære komen,
erne hete mir ê genomen 201
den zoum unde den stegereif.
und alser mich alsô begreif,
do enpfienc er mich als schône
als im got iemer lône.
Nû hienc ein tavel vor dem tor 211
an zwein ketenen enbor:
dâ sluoc er an daz ez erhal
und daz ez in die burc erschal.
dar nâch was vil unlanc
unz daz dort her vür spranc
des wirtes samenunge,
schœne unde junge
junkherren unde knehte,
gecleidet nâch ir rehte:
die hiezen mich willekomen sîn.
mînes rosses unde mîn
wart vil guot war genomen.
und vil schiere sach ich komen, 226
dô ich in die burc gienc,
ein juncvrouwen diu mich enpfienc:
ich gihe noch als ich dô jach,
daz ich nie schœner kint gesach.
diu entwâfente mich.
und einen schaden clage ich *fehlt für*
(des enwunder niemen), *318—325*
daz der wâfenriemen
alsô rehte lützel ist,
daz sî niht langer vrist
mit mir solde umbe gân.
ez was ze schiere getân:
ichn ruochte, soldez iemer sîn.
ein scharlaches mäntelîn 232
daz gap sî mir an.
ich unsæliger man,
daz sî mîn ouge ie gesach,
dô uns ze scheidenne geschach.
Wir zwei beliben eine.

nu verstuont sich wol diu reine
daz ich gerne bî ir was:
an ein daz schœneste gras
daz diu werlt ie gewan,
dâ vuorte sî mich an,
ein wênec von den liuten baz.
daz liez ich weizgot âne haz.
hie vant ich wîsheit bî der jugent, *241*
grôze schœne und ganze tugent.
sî saz mir güetlichen bî:
und swaz ich sprach, daz hôrte sî
und antwurt es mit güete.
ezn betwanc mîn gemüete
unde bekumbert mînen lîp
nie sô sêre maget noch wîp
und getuot ouch lîhte nimer mê.
ouwê immer unde ouwê,
waz mir dô vreuden benam
ein bote der von dem wirte kam!
der hiez uns beidiu ezzen gân.
dô muose ich rede und vreude lân.
Dô ich mit ir ze tische gienc,
der wirt mich anderstunt enpfienc.
ezn gebôt nie wirt mêre *fehlt für*
sînem gaste grœzer êre. *355—361*
er tete den stîgen und den wegen
manegen güetlîchen segen,
die mich gewîset heten dar.
hie mite sô übergulterz gar,
daz er mich ir nie verstiez
und mich sô güetlichen liez *254*
mit der juncvrouwen ezzen.
ouch enwart dâ niht vergezzen *fehlt für*
wirn heten alles des die kraft *364—368*
daz man dâ heizet wirtschaft.
man gap uns spîse, diu was guot,
dâ zuo den willigen muot.
Dô wir mit vreuden gâzen *256*
und dâ nâch gesâzen,
und ich im hâte geseit
daz ich nâch âventiure reit,
des wundert in vil sêre,

und jach daz im nie mêre
dehein der gast wære komen
von dem er hæte vernomen
daz er âventiure suochte,
und bat daz ich des geruochte, *262*
swenn ich den wec dâ wider rite,
daz ich in danne niht vermite.
dâ wider het ich deheinen strît:
ich lobet ez und leistez sît.
Dô slâfennes zît wart,
do gedâht ich an mîne vart.
und dô ich niene wolde
noch belîben solde,
dô wart der rîterlîchen maget
von mir gnâde gesaget
ir guoten handelunge.
diu süeze und diu junge *fehlt für 390—391*
diu lachet unde neic mir.
seht, dô muose ich von ir.
daz gesinde daz bevalch ich gote: *274*
ze mînes wirtes gebote
dâ bôt ich mich vil dicke zuo.
dan schiet ich unde reit vil vruo
ze walde von gevilde.
dâ râmet ich der wilde
und vant nâch mitten morgen
in dem walde verborgen
ein breitez geriute
âne die liute.
da gesach ich mir vil leide *fehlt für 403—408*
ein swære ougenweide,
aller der tiere hande
die man mir ie genande,
vehten unde ringen
mit eislîchen dingen.
dâ vâhten mit grimme *281*
mit griulîcher stimme
wisente und ûrrinder.
dô gehabt ich hinder, *285*
und rou mich daz ich dar was komen.
und heten sî mîn war genomen, *fehlt für 414—416*
sone triut ich mich anders niht [erwern,

wan ich bat mich got genern.
vil gerne wold ich von dan.
do gesach ich sitzen einen man *288*
in almitten under in:
daz getrôste mir den sin. *fehlt*
dô ich aber im nâher kam
und ich sîn rehte war genam,
dô vorht ich in alsô sêre
sam diu tier, ode mêre.
sîn menneschlîch bilde
was anders harte wilde:
er was einem Môre gelîch, *288*
michel unde als eislîch
daz ez niemen wol geloubet.
zewâre im was sîn houbet *295*
grœzer dan einem ûre.
ez hete der gebûre
ein ragendez hâr ruozvar: *305*
daz was im vast unde gar
verwalken zuo der swarte
an houbet unde an barte,
sîn antlütze was wol ellen breit, *fehlt für*
mit grôzen runzen beleit *437—438*
ouch wâren im diu ôren
als einem walttôren
vermieset zewâre
mit spannelangem hâre,
breit alsam ein wanne.
dem ungevüegen manne
wâren granen unde brâ *305*
lanc rûch unde grâ;
diu nase als einem ohsen grôz,
kurz, wît, niender blôz;
daz antlütze dürre und vlach; *301*
(ouwî wie eislîch er sach!)
diu ougen rôt, zornvar. *fehlt*
der munt hâte im gar
bêdenthalp diu wangen
mit wîte bevangen.
er was starke gezan,
als ein eber, niht als ein man:
ûzerhalp des mundes tür *fehlt für*
457—459

rageten sî im her vür,
lanc, scharpf, grôz, breit.
im was daz houbet geleit
daz im sîn rûhez kinnebein *306*
gewahsen zuo den brüsten schein.
sîn rücke was im ûf gezogen,
hoveroht und ûz gebogen.
er truoc an seltsæniu cleit:
zwô hiute het er an geleit:
die heter in niuwen stunden
zwein tieren abe geschunden.
er truoc einn kolben alsô grôz *293. 308*
daz mich dâ bî im verdrôz.
Dô ich im alsô nâhen kam
daz er mîn wol war genam,
zehant sach ich in ûf stân
unde nâhen zuo mir gân.
weder wider mich sîn muot
wære übel ode guot,
desn weste ich niht die wârheit,
und was iedoch ze wer bereit. *318*
weder er ensprach noch ich. *323*
dô er sweic, do versach ich mich
daz er ein stumbe wære,
und bat mir sagen mære.
ich sprach 'bistu übel ode guot?' *328*
er sprach 'swer mir niene tuot, *fehlt für*
der sol ouch mich ze vriunde hân.' *484—486*
'mahtû mich danne wizzen lân,
waz crêatiure bistû?'
'ein man, als dû gesihest nû.' *330*
'nû sage mir waz dîn ambet sî.'
'dâ stân ich disen tieren bî.'
'nû sage mir, tuont sî dir iht?' *fehlt für*
'sî lobetenz, tæt ich in niht.' *491—500*
'entriuwen vürhtent sî dich?'
'ich pflige ir, und sî vürhtent mich
als ir meister unde ir herren.'
'sage, waz mac in gewerren
dîn meisterschaft und dîn huote,
sine loufen nâch ir muote
ze walde und ze gevilde?

wan ich sihe wol, sî sint wilde,
sine erkennent man noch sîn gebot. 336
ichn wânde niht daz âne got
der gewalt iemen töhte
der sî betwingen möhte
âne sloz und âne bant.'
er sprach 'mîn zunge und mîn hant,
mîn bete unde mîn drô,
die hânt mirs gemachet sô
daz sî bibende vor mir stânt 349
und durch mich tuont unde lânt.
swer ouch anders under in 353
solde sîn als ich bin,
der wære schiere verlorn.'
'herre, vürhtents dînen zorn, *fehlt für*
so gebiut in vride her ze mir.' *514—515*
er sprach 'niene vürhte dir:
sine tuont dir bî mir dehein leit.
nû hân ich dir vil gar geseit
swes dû geruochtest vrâgen:
nune sol dich niht betrâgen, 356
dune sagest mir waz dû suochest.
ob du iht von mir geruochest,
daz ist allez getân.'
ich sprach 'ich wil dich wizzen lân,
ich suoche âventiure.'
dô sprach der ungehiure
'âventiure? waz ist daz?'
'daz wil ich dir bescheiden baz. *fehlt für*
nû sich wie ich gewâfent bin: *528—537*
ich heize ein riter und hân den sin
daz ich suochende rîte
einen man der mit mir strîte,
der gewâfent sî als ich.
daz prîset in, und sleht er mich:
gesige aber ich im an,
sô hât man mich vür einen man,
und wirde werder danne ich sî.
sî dir nû nâhen ode bî 364
kunt umb selhe wâge iht,
des verswîc mich niht,
unde wîse mich dar,

wand ich nâch anders nihte envar.'
Alsus antwurt er mir dô
'sît dîn gemüete stât alsô *fehlt für*
daz dû nâch ungemache strebest *544—546*
und niht gerne sanfte lebest,
ichn gehôrte bî mînen tagen *368*
selhes nie niht gesagen
waz âventiure wære:
doch sag ich dir ein mære,
wil dû den lîp wâgen,
sone darftû niht mê vrâgen.
hie ist ein brunne nâhen bî
über kurzer mîle drî:
zewâre unde kumestû dar
und tuostû im sîn reht gar, *373*
tuostû dan die widerkêre
âne grôze dîn unêre,
sô bistû wol ein vrum man:
dâne zwîvel ich niht an.
waz vrumt ob ich dir mêre sage?
ich weiz wol, und bistû niht ein zage, *fehlt für*
so gesihestû wol in kurzer vrist *562—564*
selbe waz diu rede ist.
Noch hœre waz sîn reht sî.
dâ stât ein capelle bî: *393*
diu ist schœne und aber cleine.
kalt und vil reine *381*
ist der selbe brunne:
in rüeret regen noch sunne,
nochn trüebent in die winde.
des schirmet im ein linde, *382*
daz nie man schœner gesach: *414*
diu ist sîn schate und sîn dach.
si ist breit hôch und alsô dic
daz regen noch der sunnen blic
niemer dar durch enkumt:
irn schadet der winter noch envrumt
an ir schœne niht ein hâr,
sine stê geloubet durch daz jâr.
und ob dem brunne stât ein
harte zierlîcher stein,
undersatzt mit vieren

marmelînen tieren:
der ist gelöchert vaste.
ez hanget von einem aste 386
von golde ein becke her abe:
jane wæn ich niht daz iemen habe
dehein bezzer golt danne ez sî.
diu keten dâ ez hanget bî,
diu ist ûz silber geslagen. *fehlt*
wil dû danne niht verzagen,
sone tuo dem becke niht mê,
giuz ûf den stein der dâ stê
dâ mite des brunnen ein teil:
deiswâr, sô hâstû guot heil,
gescheidestû mit êren dan.' 404
hin wîste mich der waltman
einen stîc ze der winstern hant:
ich vuor des endes unde vant
der rede eine wârheit
als er mir hete geseit,
und vant dâ grôz êre.
man gehœret nimer mêre, 460
diu werlt stê kurz ode lanc,
sô wünneclîchen vogelsanc
als ich ze der linden vernam,
dô ich derzuo geriten kam.
der ie gewesen wære *fehlt für*
ein tôtriuwesære, *609—611*
des herze wære dâ gevreut.
sî was mit vogelen bestreut 460
daz ich der este schîn verlôs
und ouch des loubes lützel kôs.
dern wâren niender zwêne gelîch:
ir sanc was sô mislîch,
hôch unde nidere.
die stimme gap in widere *fehlt für*
mit gelîchem galme der walt. *618—619*
wie dâ sanc sange galt!
den brunnen ich dar under sach,
und swes der waltman mir verjach.
ein smâreides was der stein:
ûz iegelîchem orte schein
ein alsô gelpfer rubîn, 426

der morgensterne möhte sîn
niht schœner, swenner ûf gât
und in des luftes trüebe lât.
Dô ich daz becke hangen vant, *419*
dô gedâht ich des zehant,
sît ich nâch âventiure reit,
ez wære ein unmanheit
obe ich dô daz verbære
ichn versuochte waz daz wære;
und riet mir mîn unwîser muot,
der mir vil dicke schaden tuot,
daz ich gôz ûf den stein.
do erlasch diu sunne diu ê schein, *fehlt für*
und zergienc der vogelsanc, *638—640*
als ez ein swærez weter twanc.
diu wolken begunden *443*
in den selben stunden
von vier enden ûf gân:
der liehte tac wart getân
daz ich die linden kûme gesach.
grôz ungnâde dâ geschach.
vil schiere dô gesach ich
in allen enden umbe mich
wol tûsent tûsent blicke:
dar nâch sluoc alsô dicke
ein alsô kreftiger donerslac
daz ich ûf der erde gelac.
sich huop ein hagel unde ein regen,
wan daz mich der gotes segen *451*
vriste von des weters nôt,
ich wære der wîle dicke tôt:
daz weter wart als ungemach
daz ez den walt nider brach.
was iender boum dâ sô grôz *fehlt für*
daz er bestuont, der wart blôz *659—662*
und loubes alsô lære
als er verbrennet wære.
swaz lebete in dem walde,
ez entrünne danne balde,
daz was dâ zehant tôt.
ich hete von des weters nôt
mich des lîbes begeben

und enahte niht ûf mîn leben,
und wære ouch sunder zwîvel tôt:
wan daz der hagel und diu nôt
in kurzer wîle gelac,
und begunde liehten der tac.
Dô diu vreise zergienc *459*
und ez ze wetere gevienc,
wær ich gewesen vür wâr
bî dem brunnen zehen jâr,
ichn begüzze in niemer mê:
wan ich hetez baz gelâzen ê.
die vogele kâmen widere:
ez wart von ir gevidere
diu linde anderstunt bedaht:
sî huoben aber ir süezen braht
und sungen verre baz dan ê.
mirn wart dâ vor nie sô wê,
desn wær nû allez vergezzen.
alsus het ich besezzen *fehlt für*
daz ander paradîse. *686—687*
die selben vreude ich prîse
vür alle die ich ie gesach.
jâ wând ich vreude ân ungemach
unangestlîchen iemer hân:
seht, dô trouc mich mîn wân.
Mir nâhte laster unde leit.
nû seht wâ dort her reit *478*
ein rîter: des geverte
was grimme und alsô herte
daz ich des wânde ez wære ein her.
iedoch bereite ich mich ze wer.
sîn ors was starc, er selbe grôz;
des ich vil lützel genôz.
sîn stimme lûte sam ein horn: *489*
ich sach wol, im was an mich zorn.
als ab ich in einen sach, *483*
mîn vorhte und mîn ungemach
wart gesenftet iedoch,
und gedâhte ze lebenne noch,
und gurte mînem orse baz. *484*
dô ich dâ wider ûf gesaz,
dô was er komen daz er mich sach.

vil lûte rief er unde sprach,
dô er mich aller verrest kôs
'rîter, ir sît triuwelôs.
mirn wart von iu niht widerseit,
und habent mir lasterlîchez leit
in iuwer hôchvart getân.
nu wie sihe ich mînen walt stân!
den habent ir mir verderbet
und mîn wilt ersterbet *fehlt für*
und mîn gevügele verjaget. *718—719*
iu sî von mir widersaget:
ir sult es mir ze buoze stân *fehlt*
od ez muoz mir an den lîp gân.
daz kint daz dâ ist geslagen,
daz muoz wol weinen unde clagen:
alsus clag ich von schulden.
ichn hân wider iuwern hulden
mit mînem wizzen niht getân:
âne schulde ich grôzen schaden hân.
hien sol niht vrides mêre wesen:
wert iuch, ob ir welt genesen.'
  Dô bôt ich mîn unschulde *fehlt für*
und suochte sîne hulde: *731—732*
wan er was merre danne ich. *522*
done sprach er niht wider mich,
wan daz ich mich werte,
ob ich mich gerne nerte.
dô tete ich daz ich mohte,
daz mir doch lützel tohte.
ich tjostierte wider in: *517*
des vuort er mîn ors hin.
daz beste heil daz mir geschach,
daz was daz ich mîn sper zebrach. *532*
vil schône sazte mich sîn hant
hinder daz ors ûf daz lant, *541*
daz ich vil gar des vergaz
ob ich ûf ors ie gesaz.
er nam mîn ors und lie mich ligen. *544*
mir was gelückes dâ verzigen.
done muote mich niht sô sêre,
ern bôt mir nie die êre *543*
daz er mich wolde ane gesehen.

dô im diu êre was geschehen,
do gebârter rehte diu gelîch
als im aller tägelîch
zehenstunt geschæhe alsame.
der prîs was sîn, und mîn diu [schame. *fehlt für 756—762*
swaz ich doch lasters dâ gewan,
dâ was ich ein teil unschuldec an.
mir was der wille harte guot:
done mohten mir diu werc den muot
an im niht volbringen:
des muose mir misselingen.
  Dô mir des orses wart verzigen,
ichn moht niht imer dâ geligen:
dô geruocht ich gân von dan
als ein êrlôser man
und saz aber zuo dem brunnen. *548*
der unzuht sult ir mich verkunnen,
swie niugerne ich anders sî,
und sæz ich iemer dâ bî,
ichn begüzze in nîemer mêre:
ich engalt es ê sô sêre.
  Dô ich gnuoc lange dâ gesaz
unde betrahte daz
waz mir ze tuonne wære,
mîn harnasch was ze swære
daz ichz gânde niht enmohte ge- [tragen:
nû waz mag ich iu mêre sagen?
wan ich schuttez abe und gie dan. *558*
ich genâdelôser man
gedâhte war ich kêrte,
unz mich mîn herze lêrte,
daz mir an mînen wirt geriet, *555*
von dem ich des morgens schiet.
swie ich dar kam gegangen,
ichn wart niht wirs enpfangen *568*
danne ouch des âbents dô ich reit:
daz machet aber sîn hövescheit.
wær mir diu êre geschehen
als ich in dem laster wart gesehen,
mîn handelunge wær gnuoc guot.

alsus trôstens mir den muot,
er und mîn juncvrouwe.
daz sî got iemer schouwe! *fehlt*
Ich hân einem tôren glîch getân,
diu mære der ich laster hân,
daz ich diu niht kan verdagen:
ichn woldes ouch ê nie gesagen.
wære mir iht baz geschehen,
des hôrtent ir mich ouch nû jehen.
sî iuwer deheinem geschehen baz,
ob er nû welle, der sage ouch daz.'
Dô rechent der herre Îwein *581*
ze künneschaft under in zwein:
er sprach 'neve Kâlogrenant,
ez richet von rehte mîn hant
swaz dir lasters ist geschehen.
ich wil ouch varn den brunnen sehen, *fehlt für*
und waz wunders dâ sî.' *808—809*
dô sprach aber Keiî
ein rede diu im wol tohte;
wan ers niht lâzen mohte, *591*
geschach ie man dehein vrümekheit,
ezn wær im doch von herzen leit.
'ez schînet wol, wizze Krist, *590*
daz disiu rede nâch ezzen ist.
irn vastet niht, daz hœr ich wol. *fehlt*
wînes ein becher vol
der gît, daz sî iu geseit,
mêre rede und manheit
dan vierzec unde viere
mit wazzer ode mit biere.
sô diu katze gevrizzet vil, *fehlt für*
zehant sô hebet sî ir spil: *823—825*
herre Îwein, alsô tuot ir.
rât ich iu wol, sô volget mir.
iu ist mit der rede ze gâch:
slâfet ein lützel darnâch.
troume iu danne iht swâre,
sô sult irs iu zewâre
nemen eine mâze.
ode vart iuwer strâze

mit guotem heile,
und gebet mir niht ze teile
swaz iu dâ êren geschiht,
und enzelt mir halben schaden niht.'
'Her Keiî,' sprach diu künegîn, 612
'iuwer zunge müez gunêret sîn,
diu allez guot gar verdaget
und niuwan daz allerbœste saget
des iuwer herze erdenken kan.
doch wæn ich dar an *fehlt für*
der zungen unrehte tuo: *842—844*
iuwer herze twinget sî darzuo.
dazn dunket deheiner schalkheit [ze vil:
nû muoz sî sprechen swaz ez wil.
ichn mac sî niht gescheiden,
wan übel geschehe in beiden.
ich wil iu daz zewâre sagen,
dem ir den vater hetet erslagen,
dern vlizze sich des niht mêre
wie er iu alle iuwer êre
benæme, danne sî dâ tuot.
iu habt ez eine, werdez iu guot.'
Her Îwein lachet unde sprach 630
'vrouwe, mirn ist niht ungemach
swaz mir her Keiî sprichet:
ich weiz wol daz er richet
an mir mîn ungewizzenheit.
im ist mîn unvuoge leit:
dien wold er mich niht verdagen.
ouch kan erz mir wol undersagen
mit selher vuoge als er ie pflac,
die niemen wol gezürnen mac.
mîn her Keiî der ist sô wîs
und hât selch êre und selhen prîs
daz man in gerne hœren sol;
und hân ich nû wâr, daz wizzet ir [wol.
ich wil des iemer sîn ein zage
daz ich im sîniu wort vertrage.
ouch enhebet er niht den strît
der den êrsten slac gît:

unz in der ander vertreit,
sô ist der strît hin geleit.
ichn wil mich mit dem munde *646*
niht gelîchen dem hunde,
der dâ wider grînen kan,
sô in der ander grînet an.'

Hie was mit rede schimpfes vil. *649*
ouch hete der künec ûf sîn zil
geslâfen und erwachte sâ,
unde enlac ouch niht langer dâ.
er gienc hin ûz zuo in zehant,
dâ er sî sament sitzen vant.
sî sprungen ûf: daz was im leit
und zurnde durch gesellekheit:
wander was in weizgot verre
baz geselle dan herre.
er saz zuo in dâ nider.
diu künegin saget im her wider *657*
Kâlogrenandes swære
und älliu disiu mære.

Nû hete der künec die gewonheit *fehlt für 893—896*
daz er nimmer deheinen eit
bî sînes vater sêle swuor
wan des er benamen volvuor.
Uterpandragôn was er genant. *662*
bî im swuor er des zehant
(daz hiez er über al sagen)
daz er in vierzehen tagen
und rehte an sant Jôhannes naht *669*
mit aller sîner maht
zuo dem brunnen wolde komen. *665*
dô sî daz heten vernomen,
daz dûhte si rîterlich und guot.
wan dar stuont ir aller muot. *675*
ichn weiz wem liebe dran geschach:
ez was dem hern Îwein ungemach,
wand er sich hete an genomen
daz er dar eine wolde komen.
er gedâhte ‘ich enmac daz niht bewarn,
und wil der künec selbe varn,
mirn werde mîn rîterschaft benomen.

mir sol des strîtes vür komen
mîn her Gâwein: 687
des enist zwîvel dehein,
als schiere so er des strîtes gert,
ern werdes vür mich gewert.
entriuwen ez sol anders varn:
ich kan daz harte wol bewarn,
swer vierzehen tage erbîtet,
daz er vor mir niht enstrîtet.
wan ich sol in disen drin tagen
des endes varn, und niemen sagen,
in den walt ze Breziljân, 697
suochen unz ich vunden hân
den stîc den Kâlogrenant
sô engen und sô rûhen vant.
und dâ nâch sol ich schouwen
die schœnen juncvrouwen,
des êrbæren wirtes kint,
diu beidiu alsô hövesch sint.
so gesihe ich, swenne ich scheide 708
den vil ungetânen man [dan,
der dâ pfliget der tiere.
dar nâch sô sihe ich schiere
den stein und den brunnen:
des müezen sî mir gunnen
daz ich in eine begieze,
ich engeltes ode genieze.
desn wirt nû niemen zuo gedâht
unz ichz habe volbrâht:
bevindent sîz sô ez ergât,
des wirt danne guot rât.'
Alsus stal er sich dan 723
und warp rehte als ein man *fehlt für*
der êre mit listen *946—948*
kunde gewinnen und vristen,
und kam dâ er die knappen vant.
den besten nam er dâ zehant,
den er niht verdagete.
vil stille er im sagete
daz er im sîn gereite
ûf sîn pfärit leite:
er wolde ze velde rîten

und sîn dâ ûze bîten
unz erm sîn harnasch bræhte nâch.
er sprach 'nû lâ dir wesen gâch, 734
und sich daz dûz wol verdagest.
zewâre ob dûz iemen sagest,
so ist iemer gescheiden
diu vriuntschaft under uns beiden.'
Sus reit er ûz und liez in dâ. 747
vil schiere brâhter im hin nâ
sîn ors und sîn îsengewant.
nû wâfent er sich zehant,
er saz ûf unde reit
nâch wâne in grôz arbeit,
und erstreich grôze wilde, 763
walt unde gevilde,
unz er den engen stîc vant
den sîn neve Kâlogrenant
alsô kûme durch gebrach.
ouch leit er grôzen ungemach
unz daz er ûz ze velde kam.
die guoten herberge er dô nam, 791
daz im von wirte selch gemach
eines nahtes nie geschach.
des morgens schiet er von dan
und vant den griulîchen man 794
ûf einem gevilde
stân bî sînem wilde
und vor sînem aneblicke
segent er sich vil dicke,
daz got sô ungehiure
deheine crêatiure
geschepfen ie geruochte.
der bewîst in des er suochte.
Vil schiere sach her Îwein 800
den boum, den brunnen, den stein,
und gehôrte ouch den vogelsanc.
dô was sîn twelen unlanc
unz daz er ûf den stein gôz.
dô kam ein siusen unde ein dôz
und ein selch weter dar nâch
daz in des dûhte daz im ze gâch
mit dem giezen wær gewesen:

wan er entriute niemer genesen.
Dô daz weter ende nam, *807*
dô hôrter daz geriten kam *812*
des selben waldes herre.
der gruozt in harte verre
als vîent sînen vîent sol:
ouch verstuont sich her Îwein wol
daz er sich weren solde,
ob er niht dulden wolde
beide laster unde leit.
ir ietweder was gereit
ûf des anderen schaden:
sî hete beide überladen
grôz ernest unde zorn.
sî nâmen diu ors mitten sporn:
sus was in zuo ein ander ger.
ir ietweder sîn sper *818*
durch des andern schilt stach
ûf den lîp daz ez zebrach
wol ze hundert stücken.
dô muosen si beide zücken
diu swert von den sîten.
hie huop sich ein strîten
daz got mit êren möhte sehen,
und solt ein kampf vor im geschehen.
über die schilte gienc diu nôt,
den ir ietweder vür bôt,
die wîle daz die werten:
sî wurden ab mit den swerten
zehouwen schiere alsô gar
daz si ir bêde wurden bar.
Ich machte des strîtes harte vil *fehlt für*
mit worten, wan daz ich enwil, *1029—1047*
als ich iu bescheide.
sî wâren dâ beide,
unde ouch nieman bî in mê
der mir der rede gestê.
spræche ich, sît ez nieman sach,
wie dirre sluoc, wie jener stach:
ir einer wart dâ erslagen:
dern mohte niht dâ von gesagen:

der aber den sige dâ gewan, *fehlt bis 1047*
der was ein sô hövesch man,
er hete ungerne geseit
sô vil von sîner manheit
dâ von ich wol gemâzen mege
die mâze ir stiche und ir slege.
wan ein dinc ich iu wol sage,
daz ir deweder was ein zage,
wan da ergienc wehselslege gnuoc,
unz daz der gast dem wirte sluoc 867
durch den helm einen slac
zetal unz dâ daz leben lac.
und alser der tôtwunden 874
rehte het enpfunden,
dô twanc in des tôdes leit
mêre dan sîn zageheit
daz er kêrte und gap die vluht.
her Îwein jaget in âne zuht
engegen sîner burc dan.
ez het der halptôte man
ze vliehen einen gereiten muot:
ouch was sîn ors alsô guot
daz er vil nâch was komen hin.
do gedâht her Îwein, ob er in
niht erslüege od vienge,
daz ez im danne ergienge
als im her Keiî gehiez, 895
der niemens ungespottet liez:
und waz im sîn arbeit töhte, 892
sô er mit niemen enmöhte
erziugen dise geschiht
(wan dâne was der liute niht):
sô spræcher im an sîn êre.
des begunder im vil sêre
ze slage mite gâhen,
unz sî die burc sâhen.
Nune was diu burcstrâze 908
zwein mannen niht ze mâze:
sus vuoren si in der enge
beide durch gedrenge
unz an daz palas. dâ vor 922
was gehangen ein slegetor:

dâ muose man hin durch varn
unde sich vil wol bewarn
vor der selben slegetür,
daz man den lîp dâ niht verlür.
sweder ros od man getrat
iender ûz der rehten stat,
daz ruorte die vallen und den haft
der dâ alle dise kraft
und daz swære slegetor
von nidere ûf habte enbor:
sô nam ez einen val
alsô gâhes her zetal
daz im nieman entran.
sus was beliben manec man.
dâ reit der wirt vor im in. *932*
der hete die kunst und den sin
daz im dâ von niht arges enwar:
wander meistert ez dar.
ez was swære unde sneit
sô sêre daz ez niht enmeit
ezn schriete îsen unde bein.
nune kunde sich her Îwein
niht gehüeten dâ vor
unde valte daz tor,
und sluoc zen selben stunden
dem wirte eine wunden,
und genas als ich iu sage.
er hete sich nâch dem slage
hin vür geneiget unde ergeben:
alsus beleip im daz leben,
dô daz tor her nider sleif,
deiz im den lîp niht begreif
und sluoc, als ich vernomen habe, *946*
daz ros ze mittem satel abe,
und schriet die swertscheide
und die sporn beide
hinder der versenen dan:
er genas als ein sælec man.
Dô im daz ros tôt gelac,
done mohter, als er ê pflac,
niht vürbaz gejagen:
ouch het er den wirt erslagen.

der vlôch noch den ende vor
durch ein ander slegetor
und liez daz hinder ime nider:
done mohte der gast vür noch wider.
sus was mîn her Îwein *961*
zwischen disen porten zwein
beslozzen und gevangen.
swie sêre im missegangen
an der vancnüsse wære,
doch was sîn meistiu swære
daz er im vor dan
alsô lebendec entran.

Ich wil iu von dem hûse sagen
dâ er inne was beslagen.
ez was, als er sît selbe jach,
daz er sô schœnez nie gesach
weder vor des noch sît,
hôch vest unde wît, *965*
gemâlet gar von golde.
swer darinne wesen solde *fehlt für*
âne vorhtlîche swære, *1142—1144*
den dûhtez vreudebære.
dô suochter wider unde vür
und envant venster noch tür
dâ er ûz möhte.
nu gedâhter waz im töhte.
dô er mit selhen sorgen ranc,
dô wart bî im niht über lanc *970*
ein türlîn ûf getân:
dâ sach er zuo im ûz gân
eine rîterlîche maget,
enhete sî sich niht verclaget. *fehlt*
diu sprach zem êrsten niht mê *978*
wan 'ouwê, rîter, ouwê!
daz ir her komen sît,
daz ist iuwer jungestiu zît.
ir habet mînen herrn erslagen.
man mac sô jæmerlîchez clagen
an mîner lieben vrouwen
und an dem gesinde schouwen,
und sô grimmeclîchen zorn,
daz ir den lîp hânt verlorn.

daz sî iuch nû niht hânt erslagen,
daz vristet niuwan daz clagen
daz ob mînem herren ist:
sî slahent iuch ab an dirre vrist.'
Er sprach 'so ensol ich doch den 993
niht verliesen als ein wîp: [lîp fehlt
michn vindet nieman âne wer.'
si sprach 'got sî der iuch ner:
ern beschirme iuch eine, ir sît tôt.
doch gehabte sich ze grôzer nôt
nie man baz danne ir tuot:
ir sît benamen wol gemuot.
des sol man iuch geniezen lân.
swie leide ir mir habt getân, fehlt für
ichn bin iu doch niht gehaz, 1178—1179
und sage iu mêre umbe waz.
Mîn vrouwe hete mich gesant 1004
ze Britanje in daz lant.
dâ gesprach ich den künec von ir:
herre, daz geloubet mir,
ich schiet alsô von dan
daz mir dâ nie dehein man
ein wort zuo gesprach.
ich weiz doch wol daz ez geschach
von mîner unhövescheit.
alsô het ich ûf geleit,
ichn wære ir gruozes niht sô wol 1006
als man dâ ze hove gert: [wert,
ich weiz wol, des engalt ich.
herre, do gruoztet ir mich,
und ouch dâ nieman mêre.
do erbutet ir mir die êre
der ich iu hie lônen sol.
herre, ich erkenn iuch wol:
iuwer vater was, deist mir erkant,
der künec Urjên genant. 1018
ir sult vor schaden sicher sîn:
her Îwein, nemet diz vingerlîn.
ez ist umben stein alsô gewant: 1027
swer in hât in blôzer hant,
den mac niemen, al die vrist
unz er in blôzer hant ist,

gesehen noch gevinden.
sam daz holz under der rinden,
alsam sît ir verborgen:
irn durfet niht mê sorgen.'
Alsus gap sîz im hin. *1026*
nû stuont ein bette dâ bî in:
daz was berihtet alsô wol
als ein bette beste sol,
daz nie künec bezzer gewan: *1042*
dâ hiez sî in sitzen an.
und dô er was gesezzen,
sî sprach 'welt ir iht ezzen?'
er sprach 'gerne, der mirz gît.'
sî gienc und was in kurzer zît *1047*
her wider komen unde truoc
guoter gâchspîse gnuoc:
des saget er ir gnâde und danc. *fehlt*
dô er gâz und getranc, *1055*
dô huopz gesinde grôzen schal
ze bêden porten über al,
als sîz im niht wolden vertragen
der in den herren hete erslagen.
Sî sprach 'her Îwein, hœret ir? 1060
sî suochent iuch, nû volget mir,
und enkumt niht ab dem bette.
iu stât diz dinc ze wette
niuwan umbe daz leben.
den stein den ich iu hân gegeben,
den besliezet in iuwer hant.
des sî mîn sêle iuwer pfant
daz iu niht leides geschiht,
wande iuch vürnamens nieman siht.
nu wâ mite möht iu wesen baz,
dan dazs iu alle sint gehaz,
und ir sî seht bî iu stân
unde drônde umbe iuch gân,
und sî doch sô erblindent *1077*
daz si iuwer niene vindent,
und sît doch rehte under in.
ouch tragent sî in vür iuch hin, *1070*
sîne liebe gesellen,
als si in begraben wellen,

mînen herren, ûf der bâre.
so beginnent si iuch zewâre
in manegen ende suochen:
desn durfet ab ir niht ruochen.
tuont alsus und sît genesen:
ichn tar niht langer bî iu wesen.
und vunden sî mich hinne,
daz kæme uns zungewinne.'
Sus hete sî urloup genomen. *1086*
die liute die dâ wâren komen
zuo dem vordern bürgetor,
die vunden dâ vor *1093*
daz ros halbez abe geslagen.
wer moht in daz dô widersagen?
wan sî wolten daz gewis hân,
und wurde diu porte ûf getân,
daz si in dar inne vunden.
in vil kurzen stunden
brâchens beide porte dan,
und envunden doch dâ nieman *1104*
wanz halbe ors innerhalp der tür
von mitteme satele hin vür.
do begunden sî von zorne toben
und got noch den tiuvel loben.
sî sprâchen 'warst der man komen,
ode wer hât uns benomen
diu ougen und die sinne?
er ist benamen hinne:
wir sîn mit gesehenden ougen blint. *(1130)*
ez sehent wol alle die hinne sint:
ezn wær dan cleine als ein mûs, *1115*
unz daz beslozzen wær diz hûs,
sone möht niht lebendes drûz [komen:
wie ist uns dirre man benomen?
swie lange er sich doch vriste
mit sînem zouberliste,
wir vinden in noch hiute.
suochent, guote liute,
in winkeln und under benken.
erne mac des niht entwenken
erne müeze her vür.'

sî verstuonden im die tür. *fehlt*
Ein dinc was ungewärlich:
sî giengen slahende umbe sich
mit swerten sam die blinden.
solden si in iemer vinden,
daz heten sî ouch dô getân.
daz bette enwart des niht erlân
sîne ersuochtenz under im gar.
bî sîner genist nim ich war, *fehlt für*
unz der man niht veige enist, *1298—1300*
sô nert in vil cleiner list.
Dô er in disen sorgen saz,
nû widervuor im allez daz
daz im sîn vriunt diu guote maget
vordes hete gesaget.
er sach zuo im gebâret tragen
den wirt den er dâ hete erslagen,
und nâch der bâre gienc ein wîp, *1146*
daz er nie wîbes lîp
alsô schœnen gesach.
von jâmer sî vürder brach
ir hâr und diu cleider.
ezn dorfte nie wîbe leider *fehlt für*
ze dirre werlte geschehen: *1312—1323*
wand sî muose tôten sehen
einen den liebesten man
den wîp ze liebe ie gewan.
ezn möhte nimmer dehein wîp
gelegen an ir selber lîp
von clage selhe swære,
der niht ernest wære.
ez erzeicten ir gebærde
ir herzen beswærde
an dem lîbe und an der stimme.
von ir jâmers grimme
sô viel sî dicke in unmaht: *1160*
der liehte tac wart ir ein naht.
sô sî wider ûf gesach
und weder gehôrte noch ensprach,
sone sparten ir die hende *1158*
daz hâr noch daz gebende.
swâ ir der lîp blôzer schein,

da ersach sî der her Îwein:
dâ was ir hâr und ir lîch *fehlt für 1333—1354*
sô gar dem wunsche gelîch
daz im ir minne
verkêrten die sinne,
daz er sîn selbes gar vergaz
und daz vil kûme versaz
sô sî sich roufte unde sluoc.
vil ungerne er ir daz vertruoc:
sô wolder dar gâhen
und ir die hende vâhen,
daz sî sich niht enslüege mê.
im tete der kumber alsô wê
an dem schœnen wîbe
daz erz an sînem lîbe
gerner hæte vertragen.
sîn heil begunder gote clagen,
daz ir ie dehein ungemach
von sînen schulden geschach.
sô nâhen gienc im ir nôt,
in dûhte des daz sîn tôt
unclägelîcher wære
dan ob sî ein vinger swære.
Nû ist uns ein dinc geseit *1180*
vil dicke vür die wârheit,
swer den andern habe erslagen,
und wurder vür in getragen,
swie langer dâ vor wære wunt,
er begunde bluoten anderstunt.
nû seht, alsô begunden
im bluoten sîne wunden,
dô man in in daz palas truoc:
wan er was bî im der in sluoc.
dô daz diu vrouwe rehte ersach,
sî ruofte sêre unde sprach
'er ist zewâre hinne *1200*
und hât uns der sinne
mit zouber âne getân.'
die ê daz suochen heten lân,
die begunden suochen anderstunt.
daz bette wart vil dicke wunt,
und durch den kulter, der dâ lac, *fehlt für 1373—1380*

gie manec stich unde slac: *fehlt bis 1380*
ouch muoser dicke wenken.
in winkeln und under benken
suochten sin mitten swerten,
wand sî sîns tôdes gerten
alsam der wolf der schâfe tuot.
von zorne tobet in der muot.
  Ze gote huop diu vrouwe ir zorn.
sî sprach 'herre, ich hân verlorn
vil wunderlîchen mînen man:
dâ bistû eine schuldec an. *1210*
dû hetest an in geleit
die kraft und die manheit
daz im von gehiuren dingen
nie mohte misselingen.
ez ist niuwan alsô komen:
der im den lîp hât genomen,
daz ist ein unsihtic geist. *(1220)*
got herre, wie wol dû weist,
swer ez anders wære
niuwan ein zouberære,
des heter sich vil wol erwert.
im was eht dirre tôt beschert.
diz hœret er und ist uns bî.
nû kieset hie wie küener sî:
sît er mînen herren hât erslagen,
wie mac er dar an verzagen
ern lâze sich ouch ein wîp sehen?
wand waz möht im von der geschehen?'
  Dô sî gesuochten genuoc
und in sîn stein des übertruoc
daz im niht arges geschach,
wand in dâ nieman ensach,
do gelac daz suochen under in.
ir tôten truogen sî hin *1248*
ze münster, dâ manz ambet tete
mit vollem almuosen und mit gebete.
dar nâch truogen si in ze grabe.
von ir grôzen ungehabe
wart dâ ein jæmerlîcher schal.
diu juncvrouwe sich dô stal *1259*

von dem gesinde dan
und gruozte den verborgen man
und trôst in als ein hövesch maget.
ouch enwas her Îwein niht verzaget: *fehlt für*
im hete diu minne einen muot *1418—1430*
gegeben, als sî manegem tuot,
daz er den tôt niht entsaz.
doch hal er die maget daz
daz er sîner vîendinne
truoc sô grôze minne.
Er gedâhte 'wie gesihe ich sî?'
nû was im sô nâhen bî
diu stat dâ man in leite,
daz er sam gereite
hôrte alle ir swære
sam er under in wære.
mit listen sprach er alsô
'ouwê, diz volc ist starke unvrô:
mir gât ze herzen ir clage
nâher danne ich iemen sage.
möht ez mit vuoge geschehen, *1271*
sô wold ich harte gerne sehen
ir gebærde und ir ungehabe,
die ich dâ hœre bî dem grabe.'
Die rede meinder niender sô: *1275*
wan ern gæbe drumbe niht ein strô,
ob sî mit glîchem valle
dâ zehant alle
lægen ûf der bâren,
die dâ gesinde wâren,
âne die vrouwen eine.
ouch enwas diu nôt niht cleine,
daz er sî hôrte und niene sach.
nû buozte si im den ungemach,
wande sî nâch sîner bete *1282*
ein venster ob im ûf tete,
und liez si in wol beschouwen.
nû sach er die vrouwen
von jâmer lîden michel nôt.
sî sprach 'geselle, an dir ist tôt *1288*
der aller tiureste man,
der rîters namen ie gewan,

van manheit und von milte.
ezn gereit nie mit schilte
dehein rîter alsô volkomen.
ouwê wie bistû mir benomen? *fehlt für 1460—1471*
ichn weiz war umbe ode wie.
der tôt möhte an mir wol hie
büezen swaz er ie getete,
und gewerte mich einer bete,
daz er mich lieze varn mit dir.
waz sol ich, swenne ich dîn enbir?
waz sol mir guot unde lîp?
waz sol ich unsælic wîp?
ouwê daz ich ie wart geborn!
ouwê wie hân ich dich verlorn?
ouwê, trûtgeselle.
got versperre dir die helle *1298*
und gebe dir durch sîne kraft
der engel genôzschaft:
wan dû wær ie der beste.'
ir jâmer was sô veste
daz sî sich roufte und zebrach.
dô daz her Îwein ersach, *1303*
dô lief er gegen der tür,
als er vil gerne hin vür
zuo ir wolde gâhen
und ir die hende vâhen.

Dô daz diu juncvrouwe ersach, *1305*
sî zôch in wider unde sprach
'saget, wâ welt ir hin,
ode wâ habt ir den sin
genomen der iu diz geriet?
nu ist vor der tür ein michel diet:
diu ist iu starke erbolgen.
irn wellent mir volgen,
sô habt ir den lîp verlorn.'
alsus erwant in ir zorn.
sî sprach 'wes was iu gedâht?
wær iuwer gedanc volbrâht,
sone hetent ir niht wol gevarn.
ichn trûwe iu den lîp niht bewarn,
ezn sî dan iuwer wille.
durch got sitzent stille.

in die aschen von des mannes hant:
wan daz wurde allez baz bewant.
doch enhât sî hie niht missetân:
wir suln sî genesen lân.
si erwelte hie nû einen wirt *1404*
deiswâr von dem sî niemer wirt
geswachet noch gunêret.
si ist rehte zuo gekêret:
si belîbet hie mit êren:
sus solde sî zuo kêren.
Dô man den wirt begruop, dô *1406*
sich diu riuwige diet. [schiet
leien unde pfaffen
die vuoren ir dinc schaffen:
diu vrouwe beleip mit ungehabe
alters eine bî dem grabe.
dô sî her Îwein eine ersach
unde ir meinlich ungemach,
ir starkez ungemüete
unde ir stæte güete, *fehlt für*
ir wîplîche triuwe *1602—1604*
und ir senlîche riuwe,
dô minnet er sî deste mê,
und im wart nâch ir alsô wê
daz diu Minne nie gewan
grœzern gewalt an deheinem man.
er gedâhte in sînem muote *1428*
'ei herre got der guote,
wer gît mir sô starke sinne
daz ich die sô sêre minne
diu mir zem tôde ist gehaz? *1433*
od wie möhte sich gevüegen daz
daz sî mir gnædec würde
nâch alsô swærer bürde
mîner niuwen schulde?
ich weiz wol daz ich ir hulde
niemer gewinnen kan:
nû sluoc ich doch ir man.
Ich bin ouch ze sêre verzaget, *fehlt für*
daz ich mir selbe hân versaget. *1621—1653*
nû weiz ich doch ein dinc wol,
des ich mich wol trœsten sol:

und wirt mîn vrou Minne *fehlt bis 1653*
rehte ir meisterinne
als sî mîn worden ist,
ich wæne sî in kurzer vrist
ein unbillîche sache
wol billîch gemache.
ezn ist nie sô unmügelich,
bestât sî sî alsô mich
und rætet ir her ze mir,
swie gar ich nû ir hulde enbir,
und het ich ir leides mê getân,
sî müese ir zorn allen lân
und mich in ir herze legen.
vrou Minne muoz sî mir bewegen:
ichn trûwe mit mîner vrümekheit
ir niemer benemen ir leit.
weste sî ouch welche nôt
mich twanc ûf ir herren tôt,
sô wurdes deste bezzer rât,
und weste si wie mîn muot stât,
daz ich ze wandel wil geben
mich selben unde mîn leben.
Sît nû diu Minne unde ir rât
sich mîn underwunden hât,
sô hât sî michel reht dâ zuo
daz sî der zweier einez tuo,
daz si ir râte her ze mir
od mir den muot beneme von ir:
wan ich bin anders verlorn.
daz ich ze vriunde hân erkorn *1450*
mîne tôtvîendinne,
dazn ist niht von mînem sinne:
ez hât ir gebot getân:
dâ von sol sî mich niht lân
als unbescheidenlich under wegen.
ouwî wan wolde sî nû pflegen
gebærde nâch ir güete!
vreude und guot gemüete
daz zæme mîner vrouwen baz
dan dazs ir selber ist gehaz.
die marter und die arbeit *fehlt für*
die sî an sich selben leit, *1665—1667*

die sold ich billîcher enpfân.
ouwê waz hât ir getân
ir antlütze unde ir schœniu lîch,
der ich nie niht sach gelîch?
ichn weiz waz sî zewâre
an ir goltvarwem hâre *1462*
und an ir selber richet,
daz sî den lîp zebrichet.
dâ ist sî selbe unschuldec an:
ouwê jâ sluoc ich den man.
disiu zuht unt dirre gerich
gienge billîcher über mich:
ouch tæte sî got erkennen daz
mir an mîn selbes lîbe baz.
ouwê daz diu guote
in selhem unmuote
ist sô rehte wünneclîch!
nû wem wære sî gelîch,
enhete sî dehein leit?
zewâre got der hât geleit *1498*
sîne kunst und sîne kraft,
sînen vlîz und sîne meisterschaft,
an diesen lobelîchen lîp:
ez ist ein engel und niht ein wîp.' *fehlt*

Her Îwein saz verborgen
in vreuden unde in sorgen.
im schuof daz venster guot gemach, *1516*
des er genôz daz er sî sach:
dâ wider vorhter den tôt.
sus heter wünne unde nôt.
er saz dâ und sach sî an
unz an die wîle daz sî dan
wider durch daz palas gie.
ouwî wie kûme er daz verlie, *fehlt für 1700—1703*
dô er sî vür sich gân sach,
daz er niht wider sî ensprach!
dô muoserz doch durch vorhte lân.
die porte wurden zuo getân,
dâ sî durch was gegangen:
und er was alsô gevangen
daz im aber diu ûzvart
anderstunt versperret wart.

daz was im alsô mære, 1525
wan ob ietweder porte wære
ledeclîchen ûf getân,
und wærer dâ zuo ledec lân
aller sîner schulde
alsô daz er mit hulde
vüere swar in dûhte guot, 1530
sone stuont doch anders niht sîn
[muot
niuwan ze belîbenne dâ.
wær er gewesen anderswâ,
sô wolder doch wider dar.
sîn herze stuont niender anderswar
niuwan dâ er sî weste:
diu stat was im diu beste.
Sus was mîn her Îwein
mit disen nœten zwein 1532
sêre betwungen.
swie wol im was gelungen,
sô wærer doch gunêret,
wær er ze hove gekêret
âne geziuc sîner geschiht:
wan man geloubet es im niht.
do begunde in dô an strîten
zuo den andern sîten
daz im gar unmære
älliu diu êre wære
diu im anders möhte geschehen,
ern müese sîne vrouwen sehen,
von der er was gevangen.
schiere kam gegangen 1541
diu guote maget diu sîn pflac.
sî sprach 'ich wæne ir swæren tac 1547
und übele zît hinne traget.'
er sprach 'daz sî iu widersaget:
wan ichn gewan liebern tac nie.'
'liebern tac? saget, herre, wie
mac sich daz gevüegen?
wan die iuch gerne slüegen,
die seht ir hie umbe iuch gân:
mac ein man danne hân
guoten tac und senfte zît

der ûf den lîp gevangen lît,
ern wære danne des tôdes vrô?' 1555
er sprach 'mîn muot stât niender sô
daz ich gerne wære tôt,
und vreu mich doch in mîner nôt,
und hân daz hiute getân
und hân ouch noch ze vreuden wân.'
Dô ez ir halbez wart gesaget,
do erkande wol diu wîse maget
daz er ir vrouwen meinde,
als sî im sît bescheinde.
sî sprach 'ir muget wol wesen vrô:
wan ich gevüegez wol alsô
mit etelîchem dinge
daz ich iuch hinnen bringe
noch ode vruo verholne.'
er sprach 'vüer ich verstolne 1571
ze vüezen von hinnen,
des müese ich wol gewinnen
laster unde unêre:
swenn ich von hinnen kêre,
daz bevindet allez diz lant.'
sî sprach, und nam in bî der hant,
'deiswâr ichn heize iuch niender varn
und wil iu gerne bewarn
den lîp sô ich beste kan.
mîn her Îwein, nû gât dan
dâ iuwer gewarheit bezzer sî.'
und vuorte in nâhen dâ bî 1578
dâ im allez guot geschach.
sî schuof im allen den gemach
des im zem lîbe nôt was:
sî pflac sîn daz er wol genas.
Dô er guot gemach gewan,
dô gienc sî von im dan
und tete daz durch allez guot:
vil starke ranc dar nâch ir muot
daz er herre wurde dâ.
zuo ir vrouwen gienc sî sâ:
der was sî heimlîch genuoc, 1589
sô daz sî gar mit ir truoc
swaz sî tougens weste,

ir diu næhest und diu beste.
ir râtes unde ir lêre
gevolgete sî mêre
dan aller ir vrouwen.
sî sprach 'nû sol man schouwen
alrêrst iuwer vrümekheit
dar an daz ir iuwer leit
rehte und redelîchen traget.
ez ist wîplich daz ir claget, *fehlt für*
und muget ouch ze vil clagen. *1800—1802*
uns ist ein vrumer herre erslagen:
nû mac iuch got wol stiuren *1605*
mit einem alsô tiuren.'
'meinstuz sô?' 'vrouwe, jâ.' *fehlt für*
'wâ wære der?' 'eteswâ.' *1805—1806*
'dû tobest, ode ez ist dîn spot.
und kêrte unser herre got
allen sînen vlîz dar an,
ern gemachte niemer tiurern man. *1609*
dâ von sol sich mîn senediu nôt,
ob got wil, unz an mînen tôt
nimer volenden:
den tôt sol mir got senden,
daz ich nâch mînem herren var.
dû verliusest mich gar,
ob dû iemer man gelobest
neben im: wan dû tobest.'
Dô sprach aber diu maget
'iu sî doch ein dinc gesaget, *(1614)*
daz man iedoch bedenken sol,
ir vervâhetz übel ode wol.
ezn ist iu niender sô gewant,
irn wellet iuwern brunnen und daz [lant
und iuwer êre verliesen,
sô müezet ir etewen kiesen
der iun vriste unde bewar.
manec vrum rîter kumt noch dar
der iuch des brunnen behert,
enist dâ nieman der in wert.
und ein dinc ist iu unkunt:
ez wart ein bote an dirre stunt *1619*
mînem herren gesant:

dô er in dô tôten vant *fehlt für*
und iuch in selher swære, *1834—1837*
do versweic er iuch daz mære
und bat aber michz iu sagen
daz nâch disen zwelf tagen
unde in kurzerme zil
der künec Artûs wil *1616*
zuo dem brunnen mit her.
enist dan nieman der in wer,
so ist iuwer êre verlorn.
habt ab ir ze wer erkorn
von iuwerm gesinde deheinen man,
dâ sît ir gar betrogen an.
und wære ir aller vrümekheit
an ir einen geleit,
dazn wær noch niht ein vrum man.
swelher sich daz nimet an
daz er der beste sî von in,
dern getar niemer dâ hin
dem brunnen komen ze wer.
sô bringet der künec Artûs ein her,
die sint zen besten erkorn
die ie wurden geborn. *1641*
vrouwe, durch daz sît gemant,
welt ir den brunnen und daz lant
niht verliesen âne strît,
sô warnet iuch der wer enzît,
und lât iuwern swæren muot.
ichn râtez iu niuwan durch guot.'
 Swie sî ir die wârheit
ze rehte hete underseit
und sî sich des wol verstuont,
doch tete sî sam diu wîp tuont:
sî widerredent durch ir muot
daz sî doch ofte dunket guot.
daz sî sô dicke brechent *fehlt für*
diu dinc diu sî versprechent, *1869—1928*
dâ schiltet sî vil maneger mite:
sô dunketz mich ein guot site.
er missetuot, der daz seit,
ez mache ir unstætekheit:
ich weiz baz wâ vonz geschiht

daz man sî alsô dicke siht *fehlt bis 1928*
in wankelm gemüete:
ez kumt von ir güete.
man mac sus übel gemüete
wol bekêren ze güete
unde niht von guote
bringen ze übelem muote.
diu wandelunge diu ist guot:
ir deheiniu ouch anders niht entuot.
swer in danne unstæte giht,
des volgære enbin ich niht:
ich wil in niuwan guotes jehen.
allez guot müez in geschehen.
Diu vrouwe jæmerlîchen sprach
'nû clag ich gote mîn ungemach,
daz ich nû niht ersterben mac.
daz ich iemer deheinen tac
nâch mînem herren leben sol,
dâ mite enist mir doch niht wol.
und möht ich umben tôt mîn leben
âne houbetsünde gegeben,
des wurd ich schiere gewert,
od ichn vunde mezzer noch swert.
ob ich des niht gerâten kan
ichn müeze mit einem andern man
mînes herren wandel hân,
sone wilz diu werlt sô niht verstân
als ez doch gote ist erkant:
der weiz wol, ob mîn lant
mit mir bevridet wære,
daz ichs benamen enbære.
nû rât mir, liebe, waz ich tuo,
hœret dehein rât dâ zuo.
sît ich ân einen vrumen man
mîn lant niht bevriden kan,
so gewinn ich gerne einen,
und anders deheinen,
den ich sô vrumen erkande
daz er mînem lande
guoten vride bære
und doch mîn man niht wære.'
Sî sprach 'daz sî iu widerseit.

wer wær der sich sô grôz arbeit *fehlt bis 1928*
iemer genæme durch iuch an,
erne wære iuwer man?
ir sprechet eht als ein wîp.
gebet ir im guot und lîp,
ir muget ez dannoch heizen guot
oberz willeclîchen tuot.
nû habent ir schœne unde jugent,
geburt rîcheit unde tugent
und muget einen alsô biderben man
wol gewinnen, obs iu got gan.
nune weinet niht mêre *1670*
und gedenket an iuwer êre:
zewâre, vrouwe, des ist nôt.
mîn herre ist vür sich einen tôt:
wænt ir daz älliu vrümekheit
mit im ze grabe sî geleit?
zewâre des enist niht,
wand man noch hundert ritter siht
die alle tiurre sint dan er
ze swerte ze schilte und ze sper.'
'dû hâst zewâre misseseit.' *1678*
'vrouwe, ich hân die wârheit.'
'der zeige mir doch einen.'
'liezet ir iuwer weinen,
deiswâr ich vunden iu harte wol.'
'ichn weiz waz ich dir tuon sol:
wan ez dunket mich unmügelich.
sich, got der gebezzer dich,
ob dû mir nû liegest
und mich gerne triegest.'
'vrouwe, hân ich iu gelogen,
sô bin ich selbe betrogen.
nû bin ich ie mit iu gewesen
und muoz ouch noch mit iu genesen:
verriet ich iuch, waz wurde mîn?
nû müezt ir mîn rihtære sîn:
nu erteilet mir (ir sît ein wîp),
swâ zwêne vehtent umbe den lîp, *1694*
weder tiurre sî der dâ gesige
od der dâ sigelôs gelige.'
'der dâ gesiget, sô wæn ich.'

'vrouwe, ez ist niht wænlich:
wan ez ist gar diu wârheit.
als ich iu nû hân geseit,
rehte alsô hât ein man
gesiget mînem herren an.
daz wil ich wol mit iu gehaben:
wan ir habet in begraben.
ich erziuges nû genuoc,
der in dâ jagete unde sluoc,
der ist der tiurer gewesen:
mîn herre ist tôt und er genesen.'
Daz was ir ein herzeleit,
daz sî deheiner vrümekheit
iemen vür ir herren jach.
mit unsiten si ir zuo sprach *(1712)*
und hiez si enwec strîchen:
sine woltes nämelîchen
niemer mêre gesehen.
sî sprach 'mir mac wol geschehen
von mînen triuwen arbeit
und doch nimmer dehein herzeleit,
wan ich sî gerne lîden wil.
zewâre ich bin gerner vil
durch mîne triuwe vertriben
dan mit untriuwen beliben.
vrouwe, nû gân ich von iu hin:
und sô ich hin vertriben bin,
sô nemet durch got in iuwern muot
waz iu sî nütze unde guot.
daz ich iu ê gerâten hân,
daz hân ich gar durch guot getân:
und got vüege iu heil und êre, *fehlt für*
gesehe ich iuch niemer mêre.' *1991—1992*
Sus stuont sî ûf und gie dan *1727*
zuo dem verborgen man.
dem brâhtes bœsiu mære,
daz ir vrouwe wære
unbekêriges muotes:
sine kunde si deheines guotes
mit nihte überwinden:
sine möhte dâ niht vinden
niuwan zorn unde drô.

des wart her Îwein unvrô.
diu maget und her Îwein *fehlt für*
begunden ahten under in zwein *2003—2008*
daz sîz noch versuochten baz,
ob sî ir vrouwen haz
bekêrte mit guote
ze senfterem muote.

Dô diu vrouwe ir maget vertreip *1734*
und sî eine beleip,
do begundes sêre riuwen *1738*
daz sî ir grôzen triuwen
wider sî sô sêre engalt,
wand sî ir vluochet und sî schalt.
si gedâhte 'waz hân ich getân!
ich solde sî geniezen lân
daz sî mir wol gedienet hât.
ich weiz wol daz sî mir den rât
niuwan durch alle triuwe tete.
swâ ich gevolget ir bete,
daz enwart mir nie leit,
und hât mir ouch nû wâr geseit.
ich erkenne nu lange wol ir muot:
sî ist getriuwe unde guot. *1748*
ich hân sî übele lâzen.
ich möhte wol verwâzen
mîne zornige site:
wan dâ gewinnet niemen mite
niuwan schande unde schaden.
ich solde sî her wider laden:
daz kæme mir vil lîhte baz.
ich was ir âne schult gehaz.
mîn herre was biderbe genuoc:
aber jener der in dâ sluoc,
der muose tiurre sîn dan er:
erne het in anders her
mit gewalte niht gejaget.
sî hât mir dar an wâr gesaget.

Swer er ist der in sluoc,
wider den hân ich schulde gnuoc
daz ich im vîent sî:
ouch stât unschulde dâ bî,
der ez rehte wil verstân:

er hât ez werende getân.
mîn herre wolt in hân erslagen:
heter im daz durch mich vertragen
und het in lâzen genesen,
sô wær ich im ze liep gewesen:
wan sô wærer selbe tôt.
daz er in sluoc, des gie im nôt.'

Sus brâhte siz in ir muote *1773*
ze suone und ze guote,
und machte in unschult wider sî.
dô was gereite dâ bî *fehlt für*
diu gewaltige Minne, *2054—2057*
ein rehtiu süenærinne
under manne und under wîbe.
si gedâhte 'mit mînem lîbe
mac ich den brunnen niht erwern:
mich muoz ein biderbe man nern,
ode ich bin benamen verlorn.
weizgot ich lâze mînen zorn,
ob ez sich gevüegen kan,
und enger niuwan des selben man
der mir den wirt erslagen hât.
ob ez anders umb in stât
alsô rehte und alsô wol
daz ich im mîn gunnen sol,
sô muoz er mich mit triuwen
ergetzen mîner riuwen,
und muoz mich deste baz hân
daz er mir leide hât getân.'

Daz sî ir maget ie leit gesprach,
daz was ir alsô ungemach
daz sîz vil sêre clagete.
morgen, dô ez tagete, *1785*
dô kam sî wider gegangen
und wart baz enpfangen
dan sî verlâzen wære.
ir benam diu vrouwe ir swære
mit guotem antfange.
sine saz bî ir niht lange
unz sî sî vrâgen began.
sî sprach 'durch got, wer ist der man *1799*
den dû mir gester lobtest

(ich wæne dû niht tobtest,
wan ez entohte deheinem zagen)
der mînen herren hât erslagen.
hât er die geburt und jugent
und dâ zuo ander tugent,
daz er mir ze herren zimt,
und swenn ez diu werlt vernimt,
daz sî mirz niht gewîzen kan 1808
ob ich genomen habe den man
der mînen herren hât erslagen,
kanstû mir daz von im gesagen
daz mir mîn laster ist verleit
mit ander sîner vrümekheit,
und rætestû mirz danne,
ich nim in zeinem manne.'
Sî sprach 'ez dunket mich guot
und gan iu wol daz ir den muot
sô schône hât verkêret.
ir sît mit im gêret
und endurfet iuchs niemer ge-
[schamen.'
sî sprach 'nû sage mir sînen namen.'
'vrouwe, er heizet her Îwein.' 1815
zehant gehullen sî in ein.
sî sprach 'deiswâr, jâ ist mir kunt
sîn name nû vor maneger stunt:
er ist sun des künec Urjênes.
entriuwen ich verstênes
mich nû alrêrst ein teil:
und wirt er mir, sô hân ich heil.
weist aber dû, geselle, *fehlt für*
rehte ob er mich welle?' *2115—2116*
'er wolde wærez nû geschehen.'
'sage, wenne mag ich in gesehen?'
'vrouwe, in disen vier tagen.' 1821
'ouwê, durch got waz wil dû sagen?
dû machest mir den tac ze lanc.
nim daz in dînen gedanc
daz ichn noch od morgen sehe.'
'wie welt ir, vrouwe, daz daz ge-
[schehe?
ich entrœst iuch nihtes dar an:

sô snel ist dehein man
noch niht âne gevidere
daz hin und her widere
möhte komen in sô kurzer vrist.
ir wizzet wol wie verre dar ist.'
'sô volge mînem râte.
mîn garzûn loufet drâte: 1827
im endet ie ze vuoz ein tac
daz einer in zwein gerîten mac.
ouch hilfet im der mânschîn:
er lâze die naht einen tac sîn.
ouch sint die tage unmâzen lanc.
sag im, er hât sîn iemer danc,
und daz ez im lange vrumt,
ob er morgen wider kumt.
heiz in rüeren diu bein,
und mache vier tage ze zwein. 1837
er lâz im nû wesen gâch,
unde ruowe dar nâch
swie lange sô er welle.
nû liebe imz, trûtgeselle.'
Sî sprach 'vrouwe, daz sî getân.
ouch sult ir ein dinc niht lân:
besendet iuwer liute 1845
morgen unde hiute.
ir næmet übele einen man,
dâne wære ir rât an.
swer volget guotem râte,
dem misselinget spâte.
swaz der man eine tuot, *fehlt für*
und enwirtz dar nâch niht guot, *2155—2158*
sô hât er in zwei wîs verlorn:
er duldet schaden und vriunde zorn.'
sî sprach 'trûtgeselle, ouwê,
ich vürht ez mir niht wol ergê:
ezn ist lîhte niht ir rât.'
'vrouwe mîn, die rede lât.
irn habet niender selhen helt
ern lâze iuch nemen swen ir welt,
ê er iu den brunnen bewar.
diu rede ist ûf ir wege gar.
ouwî sî sint des vil vrô

daz sî der lantwer alsô
über werden müezen:
sî bietent sich ziuwern vüezen, *1862*
swenne si iuwer rede vernement,
und bitent iuch daz ir in nement.'
sî sprach 'nû sende den garzûn hin:
die wîle wil ouch ich nâch in
mînen boten senden,
daz wir die rede verenden.'
Sî het in schiere besant: *fehlt für*
wan er was dâ zehant. *2177—2187*
der garzûn tete als si im beschiet,
er hal sich als sî im geriet:
wan er was gemachet unde gereit
zaller guoten kündekheit,
er kunde ir helfen liegen
und âne schalkheit triegen.
dô sich diu vrouwe des versach
daz dâ niender geschach,
daz der garzûn wære under wegen,
do begunde diu maget des rîters
als ir got iemer lône. [pflegen
sî bât in harte schône. *1881*
ouch was dâ gereit
wol drîer hande cleit,
grâ, härmîn, unde bunt:
wan des was der wirt zaller stunt *fehlt für*
gewarnet als ein hövesch man *2194—2197*
der wol des lîbes pflegen kan
und ders ouch guote state hât;
dô welte si im die besten wât
unde leite in die an.
des andern âbendes gienc sî dan
dâ sî ir vrouwen eine vant,
unde machte sî zehant *fehlt für*
von vreuden bleich unde rôt. *2202—2204*
sî sprach 'gebet mir daz botenbrôt:
iuwer garzûn der ist komen.'
'waz mære hâstû vernomen?'
'guotiu mære.' 'sage doch, wie?'
'dâ ist ouch mîn her Îwein hie.' *1898*
'wie mohter komen alsô vruo?' *fehlt für*
2209—2210

'dâ treip in diu liebe darzuo.'
'sage durch got, wer weiz ez doch?'
'vrouwe, ezn weiz niemen noch,
niuwan der garzûn unde wir.'
'wan vüerstun danne her ze mir?
nû genc enwec, ich beites hie.'
dô diu maget nâch im gie, *1904*
durch ir gemelîche
do gebârte sî gelîche
als sî mit bœsem mære
zuo im gesendet wære.
sî hienc daz houbet unde sprach
trûreclîchen, dô si in sach
'ichn weiz waz ich tuon sol.
mîn vrouwe weiz iuch hinne wol:
ir ist ûf mich vaste zorn,
ich hân ir hulde verlorn,
daz ich iuch hie behalten hân,
und enwil mich doch des niht erlân
sîne welle iuch gesehen.'
'ê des niht ensüle geschehen, *fehlt für 2230—2234*
ich lâze mir ê nemen den lîp.'
'wie möhte iu den genemen ein wîp?'
'sî hât doch volkes ein her.'
'ir geneset wol âne wer:
ich hân des ir sicherheit, *1916*
daz iu deheiner slahte leit
nû von ir mac geschehen.
sî wil iuch niuwan eine sehen.
ir müezet ir gevangen wesen: *1922*
anders lât si iuch wol genesen.'
er sprach 'sî vil sælec wîp,
ich wil gerne daz mîn lîp
immer ir gevangen sî,
und daz herze dâ bî.'
Sus stuont er ûf und gie dan
mit vreuden als ein sælec man, *fehlt*
und wart doch undâre enpfangen:
dô er kam gegangen,
weder si ensprach noch enneic.
dô sî alsô stille sweic, *1953*
daz begund im starke swâren,

unde enweste wie gebâren,
wan er saz verre hin dan
und sach sî bliuclichen an. *fehlt*
Do si beidiu swigen, dô sprach [diu maget
'her Îwein, wie sît ir sô verzaget? *1959*
lebet ir ode habt ir munt?
ir sprâchet doch in kurzer stunt:
wenne wurdent ir ein stumbe?
saget durch got, war umbe
vliehet ir ein sô schœne wîp?
got gehazze iemer sînen lîp
der âne danc deheinen man,
der selbe wol gesprechen kan,
ze schœnem wîbe ziehe,
der sî sô sêre vliehe.
ir möhtent sitzen nâher baz:
ich geheize iu wol daz,
mîn vrouwe enbîzet iuwer niht.
swem von dem andern geschiht
sô leide als ir ir habt getân,
und sol man des genâde hân,
dâ zuo hœret bezzer lôn.
ir habt den künec Ascalôn, *1970*
ir vil lieben man, erslagen:
wer solt iu des genâde sagen?
ir habet vil grôze schulde:
nû suochet ouch ir hulde.
nû bite wir sî beide
daz sî ir leide
geruoche vergezzen.'
done wart niht mê gesezzen:
er bôt sich drâte ûf ir vuoz
und suochte ir hulde unde ir gruoz
als ein schuldiger man.
er sprach 'ichn mac noch enkan
iu gebieten mêre
wandels noch êre,
wan rihtet selbe über mich:
swie ir welt, alsô wil ich.'
'Welt ir allez taz ich wil?'
'jâ, michn dunket nihts ze vil.'

'sô nim ich iu lîhte den lîp.' 1979
'swie ir gebietet, sælec wîp.'
'nu waz hulfe danne rede lanc? *fehlt für*
sît ir iuch âne getwanc 2295
in mîne gewalt hât ergeben,
næme ich iu danne daz leben,
daz wære harte unwîplich.
her Îwein, niene verdenket mich,
daz ichz von unstæte tuo,
daz ich iuwer alsô vruo
gnâde gevangen hân.
ir hât mir selch leit getân,
stüende mir mîn ahte und mîn guot
als ez andern vrouwen tuot,
daz ich iuwer niht enwolde
sô gâhes noch ensolde
gnâde gevâhen.
nû muoz ich leider gâhen:
wandez ist mir sô gewant,
ich mac verliesen wol mîn lant
hiute ode morgen.
daz muoz ich ê besorgen
mit einem manne der ez wer:
der ist niender in mînem her,
sît mir der künec ist erslagen:
des muoz ich in vil kurzen tagen
mir einen herren kiesen
ode daz lant verliesen.
nune bit ich iuch niht vürbaz sagen.
sît ir mînen herren hânt erslagen,
sô sît ir wol ein sô vrum man,
ob mir iuwer got gan, *fehlt für*
sô bin ich wol mit iu bewart 2324—2339
vor aller vremder hôchvart.
und geloubet mir ein mære:
ê ich iuwer enbære,
ich bræche ê der wîbe site:
swie selten wîp mannes bite,
ich bæte iuwer ê.
ichn nœtlîche iu niht mê:
ich wil iuch gerne: welt ir mich?'
'spræch ich nû, vrouwe, nein ich,

sô wær ich ein unsælec man.
der liebste tac den ich ie gewan,
der ist mir hiute widervarn.
got ruoche mir daz heil bewarn,
daz wir gesellen müezen sîn.'
dô sprach diu künegîn
'Ouwî, mîn her Îwein, 2009
wer hât under uns zwein
gevüeget dise minne?
es wundert mîne sinne,
wer iu geriete disen wân,
sô leide als ir mir hât getân,
daz ich immer wurde iuwer wîp.'
'mir rietz niuwan mîn selbes lîp.'
'wer rietz dem lîbe durch got?'
'daz tete des herzen gebot.' 2015
'nû aber dem herzen wer?'
'dem rieten aber diu ougen her.'
'wer riet ez den ougen dô?'
'ein rât, des muget ir wesen vrô,
iuwer schœne und anders niht.'
'sît unser ietwederz giht
ez sî des anderen vrô,'
sprach diu küneginne dô,
'wer ist der uns des wende
wirn geben der rede ein ende?
dazn vüeget sich niht under uns [drin:
nû gân wir zuo den liuten hin. 2040
ich hân gester besant
die besten über mîn lant:
vor den suln wirz niht stillen.
ich hân in mînes willen
ein teil dar umbe kunt getân.
die suln wir an der rede hân:
deiswâr ez vüeget sich deste baz.'
nû tâten sî ouch daz.
Do si sich ze handen viengen 2053
und in daz palas giengen,
und sî den hern Îwein sâhen,
benamen sî des jâhen,
sin gesæhen nie sô schœnen man.

dâne lugen sî niht an.
ouch enwart nie rîter anderswâ
baz enpfangen dan er dâ.
si besâhen in als ein wunder 2057
und sprâchen alle besunder
'wer brâhte disen rîter her?
ob got wil, ez ist der
den mîn vrouwe nemen sol.'
in behaget nie rîter alsô wol.
alsus vuorten sî in
durch die liute enmitten hin,
und gesâzen beide an einer stat. 2071
diu vrouwe ir truhsæzen bat
daz er ir rede tæte
und sî des alle bæte
daz sî ez liezen âne zorn:
sî het ir disen man erkorn.
sî sprâchen, ez wær âne ir haz
und in geviele nie dinc baz.
ein ros daz willeclîchen gât, 2146
swer ouch daz mit sporn bestât,
sô gât ez deste baz ein teil.
sî mohten ir willen unde ir heil
ir lîhte gerâten.
ich wæn sî rehte tâten:
wan dûhtez si alle missetân,
sî wold in doch genomen hân.
Dô der truhsæze getete
sîner vrouwen rede nâch ir bete,
und dô sî ouch hôrten sagen,
ez kæme in vierzehen tagen (2085)
der künec Artûs dar mit her:
vund er den brunnen âne wer,
sô wærer benamen verlorn:
wan er hete der vart gesworn;
und als in rehte wart geseit
des rîters geburt und vrümekheit
ze der schœne die sî sâhen,
von rehte sî des jâhen,
ez wære vrume und êre.
waz sol der rede mêre?
wan ez was michel vuoge.

dâ wâren pfaffen genuoge: 2156
die tâten in die ê zehant. 2150
sî gâben im vrouwen unde lant.
Vrou Laudîne hiez sîn wîp. 2151
sî kund im leben unde lîp
wol gelieben mit ir tugent.
dâ was geburt unde jugent,
schœne unde rîcheit.
an swen got hât geleit *fehlt für*
triuwe und andern guoten sin, *2426—2432*
volle tugent, als an in,
und den eins guoten wîbes wert,
diu niuwan sînes willen gert,
suln diu mit liebe lange leben,
den hât er vreuden vil gegeben.
daz was allez wænlich dâ.
hie huop sich diu brûtlouft sâ.
des tôten ist vergezzen: 2163
der lebende hât besezzen
beidiu sîn êre und sîn lant.
daz was vil wol zuo im bewant.
ezn wart vordes noch sît
volleclîcher hôchzît
in dem lande nie mêre.
dâ was wünne und êre,
vreude und michel rîterschaft
und alles des diu überkraft
des man zem lîbe gerte.
ir rîterschaft diu werte
unz daz in daz lant vuor 2172
der künec Artûs, alser swuor,
zuo dem brunnen mit her.
dô bedorfter guoter wer:
im entoht ze herren niht ein zage.
ezn kam dar nie in einem tage
sô manec guot rîter alsô dô.
nû was der herre Keiî vrô
daz er ze spottenne vant.
er sprach 'her Kâlogrenant,
wa ist iuwer neve her Îwein? 2179
ez schînet noch als ez dô schein
und ich wænez immer schîne:

sîn rede was nâch wîne, *2183*
dô er iuch hie mit worten rach.
ouwî wie er sluoc und stach!
wær im ein trinken noch getragen, *fehlt für*
er hete zwelf risen erslagen. *2463—2464*
sîner manheit der ist vil.
deiswâr ober iuch rechen wil,
sô sûmet er sich.
der iuch dâ richet, daz bin ich. *fehlt für*
ich muoz eht aber die nôt bestân, *2468—2471*
als ich vil dicke hân getân
dâ ich vür mînen vriunt stuont.
ichn weiz war umbe sî ez tuont,
od waz si an in selben rechent,
die alsô vil gesprechent
von ir selber getât,
sô ins nieman gestât.
ez ist ze vehtenne guot
dâ niemen den widerslac tuot.
nû ist er uns entwichen,
im selben lasterlichen.
er vorhte, wærer her komen,
wander sichz het an genomen,
er müese die nôt vor bestân.
ich hetes in doch vil wol erlân.
Ez swachet manec bœse man *fehlt für*
den biderben swâ er iemer kan: *2485—2497*
ern begât deheine vrümekheit,
und ist im gar ein herzeleit
swem dehein êre geschiht.
nû seht, des entuon ich niht,
wan ich einem iegelîchen man
sîner êren wol gan:
ich prîs in swâ er rehte tuot,
und verswîge sîn laster: daz ist guot.
ez ist reht daz mir gelinge:
wan ezn sprichet vonme dinge
nieman minre danne ich.
iedoch sô vürdert er sich, *2199*
swâ sich der bœse selbe lobet;
wand niemen vür in gerne tobet,
der sîne bôsheit prîse.

her Îwein ist niht wîse:
er möhte swîgen als ich.'
diu rede dûhte si gemelich, *fehlt für*
daz er sich dûhte alsô guot: *2504—2507*
wan alsô schalclîchen muot
gewan nie rîter dehein.
dô sprach mîn her Gâwein *2208*
'wie nû, mîn her Keiî?
nû sprechent ir doch, ir sît vrî
valscher rede: wie schînet daz?
ir erzeiget doch iezuo grôzen haz
disem guoten knehte.
nû tuot ir im unrehte.
ern gedâhte iuwer nie wan wol,
als ein rîter des andern sol:
und daz er nû niht komen ist,
daz hât im lîhte an dirre vrist
ein selch unmuoze benomen
daz er niht enmohte komen.
durch got ir sult die rede lân,'
her Keiî sprach 'daz sî getân: *2215*
ich wând ich redte rehte dran.
alsô gerne mac ein man
übel tuon alsô wol,
sît ez nieman reden sol.
ichn gewähenes niemer mêre,
nû daz sîn iuwer êre.'
Der künec Artûs nam in die hant *2218*
daz becke daz er dâ hangen vant,
und schuof ez vollez brunnen,
und wolde rehte erkunnen *fehlt für*
ob daz selbe mære *2532—2534*
wâr ode gelogen wære
durch daz er was komen dar,
unde begôz den stein gar.
dô wart daz weter alsô grôz
daz alle die dâ verdrôz
die dar komen wâren:
und daz sî genâren,
des heten sî verzwîvelt nâch.
dô wart dem hern Îwein gâch *2222*
gewâfent von der veste;

wander sâ wol weste,
ern beschirmte sînen brunnen
er wurd im an gewunnen.
ouch habete her Keiî
alsô gewâfent dâ bî.
der hete der êrsten tjost gegert:
der hete ouch in der künec gewert.
nû kam her Îwein balde
dort ûz jenem walde
ze velde gewalopieret,
in engels wîs gezieret.
in enirte ros noch der muot:
wan diu wâren beidiu guot.
sînem herzen liebe geschach,
dô er jenen halten sach
der allez guot verkêrte,
dô in got sô gêrte
daz er im solte gelten
sîn ungevüegez schelten
und sînen tägelîchen spot.
des lobete er got.
ouch sag ich iu ein mære:
swie schalkhaft Keiî wære,
er was iedoch vil unervorht. *2231*
enheten sîn zunge niht verworht,
son gewan der hof nie tiurern helt.
daz mugent ir kiesen, ob ir welt, *fehlt für 2570—2579*
bî sînem ampte des er pflac:
sîn hete anders niht einen tac
geruochet der künec Artûs
ze truhsæzen in sînem hûs.
  Nû wârens under in beiden
des willen ungescheiden:
ir ietweder gedâhte sêre
ûf des andern êre:
ir gelinge was ab mislîch.
diu tjost wart guot unde rîch,
und der herre Keiî,
swie bœse ir wænet daz er sî,
er zestach sîn sper unz an die hant.
dâ mite wart ouch er gesant *2255*
ûz dem satel als ein sac,

daz ern weste wâ er lac.
done wolder im niht mêre
tuon dehein unêre,
wan daz er schimpflichen sprach,
dô er in vor im ligen sach
'war umbe liget ir dâ durch got?
nû wârn sî doch ie iuwer spot
den âne ir schulde misselanc.
vielet ir sunder iuwern danc?
michn triege danne mîn wân,
ir habet ez gerne getân:
ezn mohte iu anders niht geschehen.
ir woldet niuwan gerne sehen
welch vallen wære.
ez ist doch lasterbære.'
Er nam daz ors, dô erz gewan, 2268
und vuortez vür den künec dan.
er sprach 'diz ors hân ich genomen:
herre, heizet etewen komen
von iuwerme gesinde,
der sichs underwinde.
ich enger niht iuwer habe,
ichn gewinnes iu anders abe.'
des gnâdet er im verre.
er sprach 'wer sît ir, herre?'
'ich bin ez Îwein.' 'nû durch got.' 2279
'herre, ich bin ez sunder spot.'
nû saget er im mære
wie er worden wære
herre dâ ze lande.
sîner êrn und Keiî schande
vreuten sî sich alle dô:
dochn was dâ nieman alsô vrô 2286
alsô mîn her Gâwein:
wan ez was ie under in zwein
ein gesellescaft âne haz,
und stuont vil verre deste baz
ir ietweders wort.
noch lac der herre Keiî dort 2280
gar ze spotte in allen:
wander was gevallen
ûf den lîp vil sêre.

und wære ein selch unêre *fehlt für*
an einem biderben man gesehen *2628—2643*
der im vil manegiu was geschehen,
der sich lasters kunde schamen,
der hæte benamen
die liute gevlohen iemer mê.
ez tete im an dem lîbe wê,
ez was im anders sam ein bast:
wandez hete der schanden last
sînen rücke überladen.
ez enkund im niht geschaden
an sînen vreuden alsô
daz er iender unvrô
gegen einem hâre wurde dervon:
wan er was lasters wol gewon.
Sus hete der strît ende
mit sîner missewende
und mit lasterlîchem schalle.
die andern muosen alle
hern Îwein wol gunnen
sînes landes und des brunnen
und aller sîner êren:
sine möhtens im gemêren,
in was anders niht gedâht.
sus het erz umb sî alle brâht.
Nû reit der künec Artûs *2312*
durch sîne bete mit im ze hûs.
dane irte unstate noch der muot
dane wurde handelunge guot,
daz er âne sîn lant *fehlt für*
nie bezzer kurzwîle vant: *2657—2716*
wan dem was eht niht gelîch,
unde ist ouch unmügelîch
daz im ûf der erde
iemer iht glîches werde.
Diu künegîn was des gastes vrô:
ze hern Îwein sprach sî dô
'geselle unde herre,
ich gnâde dir vil verre
unsers werden gastes.
zewâre dû hastes
iemer lôn wider mich.'

von schulden vreute sî sich: *fehlt bis 2716*
wan sî was unz an die zît
niuwan nâch wâne wol gehît:
nu enwas dehein wân dar an:
alrêst liebet ir der man.
dô ir diu êre geschach
daz sî der künec durch in gesach,
dô hete sî daz rehte ersehen
daz ir wol was geschehen,
und hete ouch den brunnen
mit manheit gewunnen
und wert ouch den als ein helt.
si gedâhte 'ich hân wol gewelt.'
Der gast wirt schiere gewar,
enist er niht ein tôre gar,
wie in der wirt meinet;
wander im wol bescheinet
an etelîcher swære,
ist er im unmære:
und geherberget ein man
dâ ims der wirt wol gan,
dem gezimt deste baz
sîn schimpf unde sîn maz.
ouch enwirt diu wirtschaft nimmer guot
âne willigen muot.
nû vant der künec Artûs
werc und willen dâ ze hûs,
unde mîn her Gâwein,
an dem niht tes enschein
ezn wære hövesch unde guot,
der erzeicte getriuwen muot
hern Îwein sînem gesellen;
als ouch die wîsen wellen,
ezn habe deheiniu grœzer kraft
danne unsippiu geselleschaft,
geràte sî ze guote;
und sint sî in ir muote
getriuwe under in beiden,
sô sich gebruoder scheiden.
sus was ez under in zwein:
der wirt und her Gâwein
wârn ein ander liep genuoc,

sô daz ir ietweder truoc
des andern liep unde leit.
hie erzeicte sîne hövescheit
her Gâwein der bescheiden man,
unde ich sage iu war an.
Diu maget hiez Lûnete, 2415
diu sô bescheidenlîchen tete
daz sî sô grôzer herte
hern Îweinen nerte
mit ir vil guoten witzen.
zuo der gienc er sitzen
und gnâdet ir vil sêre,
daz sî sô manege êre
dem hern Îwein sînem gesellen bôt:
wan daz er mislîcher nôt
âne kumber genas
und dâ ze lande herre was,
daz ergienc von ir schulden.
des gnâdet er ir hulden.
wan zewâre ez ist guot, *fehlt für*
swer gerne vrümeclîchen tuot, *2731—2738*
daz mans im genâde sage,
daz er dar an iht verzage
(wan dâ hœrt doch arbeit zuo);
und swer ouch dankes missetuo,
daz man dem erbolgen sî:
der ziuhet sich ouch lîhte derbî.
Her Gâwein sprach 'mîn vrou [Lûnete, 2431
iuwer rât und iuwer bete
hât mir liebes vil getân
an dem besten vriunde den ich hân.
er hât mirz allez wol geseit, *fehlt für*
wie im iuwer hövescheit *2743—2745*
dise êre hât gevüeget,
der in durch reht genüeget.
er hât von iu ein schœne wîp
ein rîchez lant und den lîp
und swes ein man zer werlte gert.
wær ich sô biderbe und sô wert
daz mîn gêret wære ein wîp,
ich hân niht liebers danne den lîp:

ichn gæbe ich iu ze lône
umb mîns gesellen krône,
die er von iuwern schulden treit.'
hie wart mit stæter sicherheit
ein gesellescaft under in zwein.
vrou Laudîne und her Îwein 2452
die buten in ir hûse
dem künige Artûse
selch êre diu in allen
wol muose gevallen.
Dô sî dâ siben naht gebiten, 2479
dô was ouch zît daz sî riten.
do si urloup nemen wolden,
die dâ rîten solden,
her Gâwein der getriuwe man
vuorte hern Îweinen dan
von den liuten sunder.
er sprach 'ezn ist niht wunder *fehlt für 2770—2786*
umb einen sæligen man
der dar nâch gewerben kan
und dem vrümekheit ist beschert,
ob im vil êren widervert.
doch ringet dar nâch allen tac
manec man sô er meiste mac,
dem doch dehein êre geschiht:
der enhât der sælden niht.
nû ist iuwer arbeit
sæleclîchen an geleit:
iu hât erworben iuwer hant
ein schœne wîp unde ein lant.
sît iu nû wol geschehen sî,
sô bewaret daz dâ bî
daz iuch iht gehœne
iuwers wîbes schœne.
gesellé, behüetet daz enzît
daz ir iht in ir schulden sît
die des werdent gezigen
daz sî sich durch ir wîp verligen. 2486
kêrt ez niht allez an gemach;
als dem hern Êrecke geschach, *fehlt für 2792—2798*
der sich ouch alsô manegen tac
durch vrouwen Ênîten verlac.

wan daz er sichs erholte
sît als ein rîter solte,
sô wære vervarn sîn êre.
der minnete ze sêre.
Ir hât des iuch genüegen sol:
dar under lêr ich iuch wol
iuwer êre bewarn.
ir sult mit uns von hinnen varn:
wir suln turnieren als ê. *2501*
mir tuot anders iemer wê
daz ich iuwer künde hân,
sol iuwer rîterschaft zergân.
vil maneger beschirmet sich dâ [mite: *fehlt für 2807—2878*
er giht ez sî des hûses site,
ist er êlîche gehît,
daz er danne vür die zît
sül weder rîten noch geben:
er giht er sül dem hûse leben.
er geloubet sich der beider,
vreuden unde cleider
die nâch rîterlîchen siten
sint gestalt und gesniten:
und swaz er warmes an geleit,
daz giht er ez sîn wirtes cleit.
er treit den lip swâre,
mit strûbendem hâre,
barschenkel unde barvuoz.
und daz ist ie der ander gruoz
den er sînem gaste gît:
er sprichet 'sît der zît
daz ich êrste hûs gewan
(daz geloubet mir lützel ieman)
sone wart ich nie zewâre
des über ze halbem jâre
ichn müese koufen daz korn.
hiure bin ich gar verlorn
(mich müet daz ichz iu muoz [clagen):
mir hât der schûr erslagen
den besten bû den ich hân.
ich vürhte ich müeze daz hûs lân.

etewie ernert ich den lîp, *fehlt bis 2878*
wan daz ich sorge um mîn wîp:
diene weiz ich war ich tuo.
dâ hœret grôz kumber zuo,
swer daz hûs haben sol:
jane mac nieman wizzen wol
waz ez muoz kosten.
ich wære wol enbrosten
der werlt an andern dingen,
möht ich dem hûse geringen.'
Sus beginnet er trûren unde
unde sînem gaste sagen [clagen
sô manec armez mære
daz im lieber wære
wærer nie komen dar.
der wirt hât wâr, und doch niht gar.
daz hûs muoz kosten harte vil:
swer êre ze rehte haben wil,
der muoz deste dicker heime sîn:
sô tuo ouch under wîlen schîn
ob er noch rîters muot habe,
unde entuo sich des niht abe
ern sî der rîterschefte bî
diu im ze suochenne sî.
ich rede als ichz erkennen kan.
nû durch wen möhte ein vrumer
gerner wirden sînen lîp [man
danne durch sîn biderbez wîp?
hât er sich êren verzigen
und wil sich bî ir verligen,
unde giht des danne,
gelîch einem bœsen manne,
daz erz ir ze liebe tuo,
dâne geziehe si niemer zuo:
wan ir ist von herzen leit
sîn unwirde und sîn verlegenheit.
swie rehte liep er ir sî,
sî müet, ist er ir ze dicke bî.
manegiu ziuhet sich daz an,
durch die vorhte des man,
daz sîs niht verdrieze:
swaz aber ers genieze

ober sich bî ir verlît,
daz haber eine âne nît.
Iu hât verdienet iuwer hant
eine künegîn unde ein lant:
sult ir nû dâ verderben bî,
sô wæn ich daz noch rîcher sî 2516
âne huobe ein werder man.
her Îwein, dâ gedenket an,
und vart mit uns von hinnen,
und gewinnet mit minnen *fehlt für*
der küneginne ein urloup abe *2886—2898*
zeinem tage der vuoge habe,
und bevelhet ir liut unde lant.
ein wîp die man hât erkant
in alsô stætem muote,
diun bedarf niht mêre huote
niuwan ir selber êren.
man sol die huote kêren
an irriu wîp und an kint,
diu sô einvaltec sint
daz sî eins alten wîbes rât
bringen mac ze missetât.
Ir hât alsô gelebet unz her
daz ichs an iu niht wandel ger,
nâch êren als ein guot kneht:
nû hât ir des êrste reht 2499
daz sich iuwer êre
breite unde mêre.
irte iuch etewenne daz guot
michels harter dan der muot,
nû muget ir mit dem guote
volziehen dem muote.
nû sît biderbe und wol gemuot:
sô wirt diu rîterschaft noch guot
in manegem lande von uns zwein.
des volget mir, her Îwein.'
Nû versuochter zehant 2542
an die vrouwen daz er vant:
wan dô sîn bete was getân,
done hete sî des deheinen wân 2548. 2555
daz er sî ihtes bæte
wan daz sî gerne tæte.

daz geweren rou sî dâ ze stat, *fehlt für*
dô er sî urloubes bat *2919—2923*
daz er turnieren müese varn.
sî sprach 'daz sold ich ê bewarn':
done mohte sis niht wider komen.
sus wart dâ urloup genomen
zeinem ganzen jâre.
ouch swuor sî des, zewâre,
und beliber iht vürbaz,
ez wære iemer ir haz.
ouch swuor er, des in diu liebe twanc,
in dûht daz eine jâr ze lanc,
unde ern sûmde sich niht mê,
er kæme wider, möhter, ê,
esn latzte in êhaftiu nôt, *2590*
siechtuom vancnüsse ode der tôt.
Sî sprach 'iu ist daz wol erkant *fehlt für*
daz unser êre und unser lant *2935—2937*
vil gar ûf der wâge lît,
ir enkumt uns wider enzît,
daz ez uns wol geschaden mac.
hiute ist der ahte tac *2574*
nâch den sunewenden:
dâ sol daz jârzil enden.
sô kumt benamen ode ê,
ode ichn warte iuwer niht mê.
unde lât diz vingerlîn *2601*
einen geziuc der rede sîn.
ichn wart nie manne sô holt *2611*
dem ich diz selbe golt
wolde lîhen ode geben.
er muoz wol deste baz leben
der ez treit und an siht.
her Îwein, nûne verliesetz niht.
sînes steines kraft ist guot:
er gît gelücke und senften muot:
er ist sælec der in treit.'
nû was der künec Artûs gereit:
der schiet mit urloube dan.
nû reit diu vrouwe mit ir man
wol drî mîle ode mê. *fehlt*

daz scheiden tete ir herzen wê,
als wol an ir gebærden schein.
daz senen bedahte her Îwein
als er dô beste kunde:
mit lachendem munde 2628
truobeten im diu ougen. 2627
der rede ist unlougen,
er hete geweinet benamen,
wan daz er sich muose schamen.
ze lande vuor der künec Artûs,
diu vrouwe widere ze hûs.
Dô vrâgte mich vrou Minne (2639)
des ich von mînem sinne
niht geantwurten kan.
sî sprach 'sage an, Hartman,
gihstû daz der künec Artûs
hern Îweinen vuort ze hûs
und liez sîn wîp wider varn?'
done kund ich mich niht baz [bewarn,
wan ich sagt irz vür die wârheit:
wan ez was ouch mir vür wâr geseit.
sî sprach, und sach mich twerhes an,
'dune hâst niht wâr, Hartman.'
'vrouwe, ich hân entriuwen.' sî [sprach 'nein.'
der strît was lanc under uns zwein,
unz sî mich brâhte ûf die vart
daz ich ir nâch jehende wart.
er vuorte dez wîp und den man,
und volget im doch dewederz dan,
als ich iu nû bescheide.
sî wehselten beide
der herzen under in zwein,
diu vrouwe und her Îwein:
im volget ir herze und sîn lîp,
und beleip sîn herze und daz wîp.
Dô sprach ich 'mîn vrou Minne,
nu bedunket mîne sinne
daz mîn her Îwein sî verlorn,
sît er sîn herze hât verkorn:
wan daz gap im ellen unde kraft.

waz touc er nû ze rîterschaft?
er muoz verzagen als ein wîp,
sît wîbes herze hât sîn lîp
und sî mannes herze hât:
sô üebet sî manlîche tât
und solde wol turnieren varn
und er dâ heime daz hûs bewarn.
mir ist zewâre starke leit
daz sich ir beider gewonheit
mit wehsel sô verkêret hât:
wan nûne wirt ir deweders rât.'
Dô zêch mich vrou Minne, *fehlt für 3011—3020*
ich wære kranker sinne.
sî sprach 'tuo zuo dînen munt:
dir ist diu beste vuore unkunt.
dich geruorte nie mîn meisterschaft:
ich bin ez Minne und gibe die kraft
daz ofte man unde wîp
habent herzelôsen lîp
und hânt ir kraft doch deste baz.'
do engetorst ich vrâgen vürbaz:
wan swâ wîp unde man
âne herze leben kan,
daz wunder daz gesach ich nie: *2650*
doch ergienc ez nâch ir rede hie.
ichn weiz ir zweier wehsel niht: *fehlt für 3025—3039*
wan als diu âventiure giht,
sô was her Îwein âne strît
ein degen vordes und baz sît.
Her Gâwein sîn geselle
der wart sîn ungevelle.
durch nôt bescheid ich iu wâ von:
wan diu werlt ist des ungewon,
swer vrumen gesellen kiese,
daz er dar an verliese.
zewâre geschach ez ê nie,
ez geschach doch im, und sage iu wie.
her Gâwein was der höfschste man
der rîters namen ie gewan:
engalt er sîn, daz was im leit;
wan er alle sîn arbeit *2674*

im ze dienste kêrte,
wier im sînen prîs gemêrte.
swâ sî turnierens pflâgen, 2670
des sî niht verlâgen,
dâ muose selch rîterschaft geschehen
die got mit êren möhte sehen:
dâ vürdert er in in allen wîs
und alsô gar daz im der prîs
aller oftest beleip;
unz er der tage ze vil vertreip.
im gie diu zît mit vreuden hin.
man saget daz mîn her Gâwein in
mit guoter handelunge
behabte unde betwunge
daz er der jârzal vergaz
und sîn gelübede versaz,
unz daz ander jâr gevienc
und vaste in den ougest gienc.
Nû wâren sî beide 2681
mit vreuden sunder leide
von einem turneie komen
und hete her Îwein genomen
den prîs ze beiden sîten.
nû was mit hôchzîten 2680
ir herre der künec Artûs
ze Karidôl in sînem hûs.
dô sluogens ûf ir gezelt
vür die burc an daz velt.
dâ lâgen sî durch ir gemach, *fehlt für*
unz sî der künec dâ gesach *3069—3081*
und sîne besten alle
mit vrœlîchem schalle:
wand im was komen mære
wie in gelungen wære:
er saget in gnâde unde danc,
daz in sô ofte wol gelanc.
swer gerne vrümeclîchen tuot,
der dem gnâdet, daz ist guot:
in gezimt der arbeit deste baz.
swâ man mit worten hie gesaz,
diu rede was wan von in zwein.
nû kam mîn her Îwein 2695

in einen seneden gedanc:
er gedâhte, daz twelen wær ze lanc,
daz er von sînem wîbe tete:
ir gebot unde ir bete
diu heter übergangen.
sîn herze wart bevangen
mit senlîcher triuwe:
in begreif ein selch riuwe
daz er sîn selbes vergaz
und allez swîgende saz.
er überhôrte und übersach *fehlt für*
swaz man dâ tete unde sprach, *3093—3101*
als er ein tôre wære.
ouch nâhten im bœsiu mære.
im wîssagete sîn muot,
als er mir selbem ofte tuot:
ich siufte, sô ich vrô bin,
mînen künftegen ungewin:
sus nâhte im sîn leit.
nû seht wâ dort her reit *2704*
sîns wîbes bote, vrou Lûnete,
von der râte und von der bete
daz von êrste was komen
daz sî in hâte genomen.
sî gâhte über jenez velt
unde erbeizt vür diu gezelt.
als schiere sî den künec sach, *2711*
dô kam sî vür in unde sprach
'Künec Artûs, mich hât gesant
mîn vrouwe her in iuwer lant:
unde daz gebôt sî mir
daz ich iuch gruozte von ir,
und iuwer gesellen über al;
wan einen: der ist ûz der zal: *2718*
der sol iu sîn unmære
als ein verrâtære.
daz ist hie der her Îwein,
der niender in den siten schein,
dô ich in von êrste sach,
daz untriuwe ode ungemach
ieman von im geschæhe
dem er triuwen verjæhe.

sîniu wort diu sint guot:
von den scheidet sich der muot.
ez schînet wol, wizze Krist,
daz mîn vrouwe ein wîp ist,
und daz si sich niht gerechen mac.
und vorht er den widerslac,
sô heter sîs vil wol erlân
daz er ir lasters hât getân.
in dûht des schaden niht genuoc *fehlt für*
daz er ir den man sluoc, *3133—3189*
erne tæte ir leides mêre
und benæme ir lîp und êre.
Her Îwein, sît mîn vrouwe ir jugent,
schœne, rîcheit, unde ir tugent,
wider iuch niht geniezen kan,
wan gedâhtet ir doch dar an
waz ich iu gedienet hân?
und het sî mîn genozzen lân:
ze welhen staten ich iu kam,
dô ich iuch von dem tôde nam.
ez wære umb iuch ergangen,
het ichz niht undervangen.
daz ich ez ie undervienc,
daz iuwer ende niht ergienc,
des wil ich iemer riuwec sîn:
wan diu schult ist älliu mîn;
wan daz ichz durch triuwe tete.
ez vuocte mîn rât und mîn bete
daz sî leit und ungemach
verkôs der ir von iu geschach:
wand ich het ir ze vil geseit
von iuwer vrümekheit;
unz daz sî iu mit vrîer hant
gap ir lîp unde ir lant,
daz ir daz soldet bewarn.
nû hânt ir sô mit ir gevarn
daz sich ein wîp wider die man
niemer ze wol behüeten kan.
deiswâr uns was mit iu ze gâch.
dâ stüende bezzer lôn nâch
dan der uns von iu geschiht:

ouch gehiezet irs uns niht. *fehlt bis 3189*
Mîner vrouwen wirt wol rât,
wan daz ez lasterlîchen stât,
deiswâr unde ist unbillîch:
si ist iu ze edel und ze rîch
daz ir sî kebsen soldet,
ob ir erkennen woldet
waz rîters triuwe wære.
nû ist iu triuwe unmære.
doch sulent ir in allen
deste wirs gevallen
die triuwe und êre minnent
und sich des versinnent
daz nimmer ein wol vrumer man
âne triuwe werden kan.
Nû tuon ich disen herren kunt
daz sî iuch haben vür dise stunt
vür einen triuwelôsen man
(dâ ir wurdet, da was ich an
ensament meineide
und triuwelôs beide);
und mac sich der künec iemer
[schamen,
hât er iuch mêre in rîters namen,
sô liep im triuwe und êre ist.
ouch sulnt ir vür dise vrist
mîner vrouwen entwesen:
sî wil ouch âne iuch genesen.
und sendet ir wider ir vingerlîn: *2770*
daz ensol niht langer sîn
an einer ungetriuwen hant:
sî hât mich her darnâch gesant.'
von herzeleide geschach im daz
daz erz verdulte und versaz
daz sîz im ab der hant gewan. *2777*
sî neic dem künege und schiet von
[dan.
Daz smæhen daz vrou Lûnete *2781*
den herren Îweinen tete, *fehlt für 3202—3213*
daz gæhe wider kêren,
der slac sîner êren,
daz sî sô von im schiet

daz sî in entrôste noch enriet,
daz smæhlîche ungemach,
dazs im an die triuwe sprach,
diu versûmde riuwe
und sîn grôziu triuwe
sînes stæten muotes,
diu verlust des guotes,
der jâmer nâch dem wîbe,
die benâmen sînem lîbe
vil gar vreude und den sin.
nâch einem dinge jâmert in, 2784
daz er wære etewâ
daz man noch wîp enweste wâ
und niemer gehôrte mære
war er komen wære.

Er verlôs sîn selbes hulde:
wan ern mohte die schulde
ûf niemen anders gesagen:
in hete sîn selbes swert erslagen.
ern ahte weder man noch wîp, 2790
niuwan ûf sîn selbes lîp.
er stal sich swîgende dan
(daz ersach dâ nieman)
unz daz er kam vür diu gezelt
ûz ir gesihte an daz velt.
dô wart sîn riuwe alsô grôz
daz im in daz hirne schôz 2804
ein zorn unde ein tobesuht,
er brach sîne site und sîne zuht
und zarte abe sîn gewant,
daz er wart blôz sam ein hant.
sus lief er über gevilde
nacket nâch der wilde.

Dô diu juncvrouwe gereit,
nû was dem künege starke leit
hern Îweines swære,
und vrâgte wâ er wære. (2809)
er wold in getrœstet hân
unde bat nâch im gân.
und als in nieman envant,
nû was daz vil unbewant
swaz man im dâ gerief,

wander gegen walde lief.
er was ein degen bewæret *fehlt für*
und ein helt unerværet: *3249—3263*
swie manhaft er doch wære
und swie unwandelbære
an lîbe unde an sinne,
doch meistert vrou Minne
daz im ein krankez wîp
verkêrte sinne unde lîp.
der ie ein rehter adamas
rîterlîcher tugende was,
der lief nû harte balde
ein tôre in dem walde.
Nû gap im got der guote,
der in ûz sîner huote
dannoch niht volleclîchen liez,
daz im ein garzûn widerstiez, *2816*
der einen guoten bogen truoc:
den nam er im und strâlen gnuoc.
als in der hunger bestuont, *fehlt für*
sô teter sam die tôren tuont: *3267—3270*
in ist niht mêre witze kunt
niuwan diu eine umbe den munt.
er schôz prîslichen wol:
ouch gie der walt wildes vol: *2824*
swâ daz gestuont an sîn zil,
des schôz er ûz der mâze vil.
ouch muose erz selbe vâhen, *fehlt für*
âne bracken ergâhen. *3275—3282*
sone heter kezzel noch smalz,
weder pfeffer noch salz:
sîn salse was diu hungers nôt,
diuz im briet unde sôt
daz ez ein süeziu spîse was,
und wol vor hunger genas.
Dô er des lange gepflac,
er lief umb einen mitten tac
an ein niuweriute.
dane vander niht mê liute *2829*
niuwan einen einigen man:
der selbe sach im daz wol an
daz er niht rehtes sinnes was.

der vlôch in, daz er genas, *2836*
dâ bî in sîn hiuselîn.
dane wânder doch niht sicher sîn
unde verrigelte vaste die tür:
dâ stuont im der tôre vür. *fehlt für*
der tôre dûht in alze grôz: *3294—3299*
er gedâhte 'tuot er einen stôz,
diu tür vert ûz dem angen,
und ist um mich ergangen.
ich arme wie genise ich?'
ze jungest dô bedâhter sich
'ich wil im mînes brôtes geben:
sô lât er mich vil lîhte leben.'
hie gienc ein venster durch die *2838*
dâ durch rahter die hant [want:
und leit im ûf ein bret ein brôt:
daz suozt im diu hungers nôt; *2854*
wand er dâ vor, daz got wol weiz,
sô jæmerlîches nie enbeiz.
waz welt ir daz der tôre tuo?
er âz daz brôt und tranc dâ zuo
eines wazzers daz er vant
in einem einber an der want,
unde rûmdez im ouch sâ.
der einsidel sach im nâ *2862*
und vlêget got vil sêre
daz er in iemer mêre
erlieze selher geste:
wand er vil lützel weste
wie ez umbe in was gewant.
nu erzeicte der tôre zehant
daz der tôre und diu kint
vil lîhte ze wenenne sint.
er was dâ zuo gnuoc wîse
daz er nâch der spîse
dar wider kam in zwein tagen, *2868*
und brâhte ein tier ûf im getragen
und warf im daz an die tür.
daz machte daz er im her vür
deste willeclîcher bôt
sîn wazzer unde sîn brôt:
erne vorht in dô niht mê

und was im bezzer danne ê,
unt vant ie diz dâ gereit.
ouch galt er im die arbeit
mit sînem wiltpræte.
daz wart mit ungeræte
gegerwet bî dem viure.
im was der pfeffer tiure,
daz salz, unde der ezzich.
ze jungest wenet er sich
daz er die hiute veile truoc, *2882*
unde kouft in beiden gnuoc
des in zem lîbe was nôt,
salz unde bezzer brôt.
Sus twelte der unwîse *fehlt für 3345—3358*
ze walde mit der spîse,
unz daz der edele tôre
wart gelîch einem môre
an allem sînem lîbe.
ob im von guotem wîbe
ie dehein guot geschach,
ob er ie hundert sper zebrach,
gesluoc er viur ûz helme ie,
ob er mit manheit ie begie
deheinen lobelîchen prîs,
wart er ie hövesch unde wîs,
wart er ie edel unde rîch,
dem ist er nû vil ungelîch.
er lief nû nacket beider,
der sinne unde der cleider,
unz daz in zeinen stunden *2888*
slâfende vunden
drî vrouwen dâ er lac,
wol umb einen mitten tac, *fehlt*
nâ ze guoter mâze
bî der lantstrâze
diu in ze rîten geschach.
und alsô schiere do in ersach
diu eine vrouwe von den drin, *2893*
dô kêrte sî über in
und sach in vlîzeclîchen an.
nû jach des ein ieglich man *fehlt für 3372—3377*
wie er verloren wære:

daz was ein gengez mære
in allem dem lande:
und daz sî in erkande,
daz was des schult; und doch niht
sî nam an im war [gar. 2903
einer der wunden
diu ze manegen stunden
an im was wol erkant,
unde nande in zehant.
sî sprach her wider zuo den zwein 2920
'vrouwe, lebet her Îwein,
sô lît er âne zwîvel hie,
ode ichn gesach in nie.'
ir höfscheit unde ir güete
beswârten ir gemüete,
daz sî von grôzer riuwe
und durch ir reine triuwe
vil sêre weinen began, 2920
daz einem alsô vrumen man
diu swacheit solde geschehen
daz er in den schanden wart ge-
[sehen.
Ez was diu eine von den drin 2890
der zweier vrouwe under in:
nû sprach sî zuo ir vrouwen
'vrouwe, ir muget wol schouwen
daz er den sin hât verlorn. 2930
von bezzern zühten wart geborn
nie rîter dehein
danne mîn her Îwein,
den ich sô swache sihe leben.
im ist benamen vergeben,
ode ez ist von minnen komen
daz im der sin ist benomen.
und ich weiz daz als mînen tôt,
vrouwe, daz alle iuwer nôt,
die iu durch sînen übermuot
der grâve Âliers lange tuot 2939
und noch ze tuonne willen hât,
der wirt iu buoz unde rât,
ob er von uns wirt gesunt.
mir ist sîn manheit wol kunt:

wirt er des lîbes gereit,
er hât in schiere hin geleit:
und sult ir ouch vor im genesen,
daz muoz mit sîner helfe wesen.'

Diu vrouwe was des trôstes vrô. 2946
sî sprach 'und ist der suht alsô
daz sî von dem hirne gât,
der tuon ich im vil guoten rât,
wand ich noch einer salben hân
die dâ Feimorgân 2953
machte mit ir selber hant.
dâ ist ez umbe sô gewant
daz niemen hirnsühte lite,
wurd er bestrichen dâ mite,
erne wurde dâ zestunt
wol varende und gesunt.'
sus wurden sî ze râte
und riten alsô drâte
nâch der salben alle drî:
wand ir hûs was dâ bî
vil kûme in einer mîle. 2958
nû wart der selben wîle
diu juncvrouwe wider gesant,
diu in noch slâfende vant.

Diu vrouwe gebôt ir an daz leben, 2966
dô sî ir hâte gegeben
die bühsen mit der salben,
daz sî in allenthalben
niht bestriche dâ mite.
niuwan dâ er die nôt lite,
dâ hiez sî sî strîchen an:
sô entwiche diu suht dan,
under wær zehant genesen.
dâ mite es gnuoc möhte wesen,
daz hiez sî an strîchen,
und daz si ir nämelîchen
bræhte wider daz ander teil:
daz wære maneges mannes heil.
ouch sante sî bî ir dan 2974
vrischiu kleider, seit von gran
und cleiner lînwæte zwei,
schuohe unde hosen von sei.

Nû reit sî alsô balde
daz sî in in dem walde
dannoch slâfende vant, *2983*
und zôch ein pfärit an der hant,
daz vil harte sanfte truoc
(ouch was der zoum rîche gnuoc, *fehlt für*
daz gereite guot von golde), *3462—3463*
daz er rîten solde,
ob ir daz got bescherte
daz sî in ernerte.
Dô sî in ligen sach als ê,
nûne twelte sî niht mê,
sî hafte zeinem aste *2984*
diu pfärit beidiu vaste,
und sleich alsô lîse dar *fehlt*
daz er ir niene wart gewar,
unz sî in allenthalben bestreich.
dâ zuo sî vil stille sweich.
mit ter vil edelen salben
bestreich si in allenthalben
über houbet und über vüeze.
ir wille was sô süeze
daz sî daz alsô lange treip
unz in der bühsen niht beleip. *2992*
des wær doch alles unnôt,
dâ zuo und man irz verbôt;
wan daz sî im den willen truoc,
esn dûhtes dannoch niht genuoc,
und wær ir sehsstunt mê gewesen: *3008*
sô gerne sach sî in genesen.
und dô sîz gar an in gestreich,
vil drâte sî von im entweich, *3010*
wand sî daz wol erkande *fehlt für*
daz schämelîchiu schande *3489—3501*
dem vrumen manne wê tuot,
und barc sich durch ir höfschen
[muot,
daz sî in sach und er sî niht.
sî gedâhte 'ob daz geschiht
daz er kumt ze sinnen,
und wirt er danne innen
daz ich in nacket hân gesehen,

sô ist mir übele geschehen:
wan des schamt er sich sô sêre
daz er mich nimmer mêre
willeclîchen an gesiht.'
alsus enoucte sî sich niht *3016*
unz in diu salbe gar ergienc
und er ze sinnen gevienc.
Dô er sich ûf gerihte
und sich selben ane blihte
und sich sô griulîchen sach,
wider sich selben er dô sprach *fehlt für*
'bistûz Îwein, ode wer? *3508—3583*
hân ich geslâfen unze her?
wâfen, herre, wâfen!
sold ich dan iemer slâfen!
wand mir hât mîn troum gegeben
ein vil harte rîchez leben.
ouwî waz ich êren pflac
die wîl ich slâfende lac!
mir hât getroumet michel tugent:
ich hete geburt unde jugent,
ich was schœne unde rîch
und disem lîbe vil unglîch,
ich was hövesch unde wîs
und hân vil manegen herten prîs
ze rîterschefte bejaget,
hât mir mîn troum niht missesaget.
ich bejagte swes ich gerte
mit sper und mit swerte:
mir ervaht mîn eines hant
ein vrouwen und ein rîchez lant;
wan daz ich ir doch pflac,
sô mir nû troumte, unmanegen tac,
unz mich der künec Artûs
von ir vuorte ze hûs.
mîn geselle was her Gâwein,
als mir in mînem troume schein.
sî gap mir urloup ein jâr
(dazn ist allez niht wâr):
do beleip ich langer âne nôt,
unz sî mir ir hulde widerbôt:
der was ich ungerne âne.

in allem disem wâne *fehlt bis 3583*
sô bin ich erwachet.
mich hete mîn troum gemachet
zeinem rîchen herren.
nu waz möhte mir gewerren,
wær ich in disen êren tôt?
er hât mich geffet âne nôt.
swer sich an troume kêret,
der ist wol gunêret.
Troum, wie wunderlich dû bist!
dû machest rîche in kurzer vrist
einen alsô swachen man
der nie nâch êren muot gewan:
swenner danne erwachet,
sô hâstû in gemachet
zeinem tôren als ich.
zewâre doch versihe ich mich,
swie rûch ich ein gebûre sî,
und wær ich rîterschefte bî,
wær ich gewâfent unde geriten,
ich kunde nâch rîterlîchen siten
alsô wol gebâren
als die ie rîter wâren.'
Alsus was er sîn selbes gast,
daz im des sinnes gebrast:
und ob er ie rîter wart
und alle sîn umbevart
die heter in dem mære
als ez im getroumet wære.
er sprach 'mich hât gelêret
mîn troum: des bin ich gêret,
mac ich ze harnasche komen.
der troum hât mir mîn reht benomen:
swie gar ich ein gebûre bin,
ez turnieret al mîn sin.
mîn herze ist mînem lîbe unglîch:
mîn lîp ist arm, daz herze rîch.
ist mir getroumet mîn leben?
ode wer hât mich her gegeben
sô rehte ungetânen?
ich möhte mich wol ânen

rîterlîches muotes: *fehlt bis 3583*
lîbes unde guotes
der gebristet mir beider.'
als er diu vrischen cleider *3024*
einhalp bî im ligen sach,
des wundert in, unde sprach
'diz sint cleider der ich gnuoc *fehlt für*
in mînem troume dicke truoc. *3587—3593*
ichn sihe hie niemen des sî sîn:
ich bedarf ir wol: nû sîn ouch mîn.
nû waz ob disiu sam tuont?
sît daz mir ê sô wol stuont
in mînem troume rîch gewant.'
alsus cleiter sich zehant.
als er bedahte die swarzen lîch,
dô wart er einem rîter glîch.
  Nu ersach diu juncvrouwe daz
daz er unlasterlîchen saz:
sî saz in guoter kündekheit *3043*
ûf ir pfärit unde reit,
als sî dâ vür wære gesant
und vuorte ein pfärit an der hant.
weder si ensach dar noch ensprach.
dô er sî vür sich rîten sach,
dô wærer ûf gesprungen, *3036*
wan daz er was betwungen
mit selher siecheite
daz er sô wol gereite
niht ûf enmohte gestân
als er gerne hete getân,
unde rief ir hin nâch.
dô tete sî als ir wære gâch *3051*
und niht umb sîn geverte kunt,
unz er ir rief anderstunt.
dô kêrte sî sâ
unde antwurt im dâ.
sî sprach 'wer ruofet mir? wer?'
er sprach 'vrouwe, kêret her.' *3057*
sî sprach 'herre, daz sî.'
sî reit dar und habet im bî.
sî sprach 'gebietet über mich:
swaz ir gebietet, daz tuon ich,'

und vrâget in der mære
wie er dar komen wære.
Dô sprach her Îwein *3067*
als ez ouch wol an im schein
'dâ hân ich mich hie vunden
des lîbes ungesunden.
ichn kan iu des gesagen niht
welch wunders geschiht
mich dâ her hât getragen:
wan daz kan ich iu wol gesagen
daz ich hie ungerne bin.
nû vüeret mich mit iu hin:
sô handelt ir mich harte wol,
und gedienez immer als ich sol.'
sî sprach 'rîter, daz sî getân. *3074*
ich wil mîn reise durch iuch lân:
mich hete mîn vrouwe gesant.
diu ist ouch vrouwe über diz lant:
zuo der vüer ich iuch mit mir.
ich râte iu wol daz ir
geruowet nâch iuwer arbeit.'
sus saz er ûf unde reit. *3087*
Nû vuorte sî in mit ir dan
zuo ir vrouwen, diu nie man
alsô gerne gesach.
man schuof im guoten gemach *3132*
von cleidern von spîse und von bade,
unz daz im aller sîn schade
harte lützel an schein.
hie hete her Îwein
sîn nôt überwunden
und guoten wirt vunden.
Diu vrouwe ouch des niht vergaz *3108*
sîne wolde wizzen daz
wâ ir salbe wære.
mit einem lügemære
beredte sich diu wîse maget.
sî sprach 'vrouwe, iu sî geclaget *3094*
wie mir zer bühsen ist geschehen.
ez hât der rîter wol gesehen
wie nâch ich ertrunken was.
wunder ist daz ich genas.

ich kam in michel arbeit,
dô ich über daz wazzer reit
die hôhen brücke hie bî.
daz daz ros unsælec sî!
daz strûchte vaste unz an diu knie,
alsô daz ich den zoum verlie
unde der bühsen vergaz
und selbe kûme gesaz.
do enpfiels mir in den wâc zetal,
und wizzet daz mich nie dehein val
sô starke gemuote.
waz hilfet älliu huote?
wan daz man niht behalten sol,
daz verliuset sich wol.'
Swie vil gevüege wære
diz guote lügemære,
doch zurnte sî ein teil. 3114
sî sprach 'heil und unheil
diu sint uns nû geschehen:
der mac ich beider nû wol jehen.
den schaden suln wir verclagen,
des vrumen gote gnâde sagen.
ich hân in kurzen stunden
einen rîter vunden
und mîn guote salben verlorn.
der schade sî durch den vrumen [verkorn.
niemen habe seneden muot
umbe ein verlornez guot
des man niht wider müge hân.'
hie mite was der zorn ergân.
Sus twelte mîn her Îwein hie
unz in diu wilde varwe verlie,
und wart als ê ein schœne man.
vil schiere man im dô gewan 3139
daz beste harnasch daz man vant
und daz schœnest ors über al daz [lant.
sus wart bereitet der gast
daz im nihtes gebrast.
Dar nâch eines tages vruo 3142

dô sâhen sî dort rîten zuo
den grâven Âliers mit her:
ouch sazten sich ze wer
die rîter vonme lande
unde ir sarjande,
unde mîn her Îwein *3152*
zaller vorderest schein.
sî wârn ê vaste in getân,
und heten joch die wer verlân,
und alsô gar überriten
daz sî von vrävellîchen siten
vil nâhen wâren komen:
nû wart der muot von in genomen,
dô sî den gast sâhen
zuo den vîenden gâhen
und sô manlichen gebâren.
die ê verzaget wâren,
die sâhen nû alle ûf in
und geviengen manlîchen sin. *3172*
Dô liez er sîne vrouwen *3184*
ab der were schouwen
daz ofte kumet diu vrist
daz selch guot behalten ist
daz man dem biderben manne tuot.
sîne rou dehein daz guot
daz sî an in hete geleit:
wand sîn eines manheit
diu tetes unstätelîchen
an einen vurt entwîchen.
dâ bekoberten sî sich.
hie slac, dâ stich!
nû wer möhte diu sper *3228*
älliu bereiten her
diu mîn her Îwein dâ brach?
er sluoc unde stach, *fehlt für*
und die sîne alle, *3738—3758*
daz jene mit maneges valle
muosen unstätelîchen
von dem vurte entwîchen
und in den sige lâzen.
die der vluht vergâzen,
die wurden âne zagen

alle meisteil erslagen *fehlt bis 3758*
und die andern gevangen.
hie was der strît ergangen
nâch hern Îweines êren.
si begunden an in kêren
den lop unde den prîs,
er wære biderbe hövesch und wîs,
und in enmöhte niht gewerren,
heten sin zeinem herren
od einen im gelîchen.
sî wunschten vlîzeclîchen
daz sî des beidiu zæme
daz in ir vrouwe næme.
Sus wart dem grâven Âliere *3255*
genendeclîchen schiere
gevangen unde erslagen sîn her.
dannoch entwelter ze wer *fehlt für*
mit einer lützelen kraft, *3762—3765*
und tete selhe rîterschaft
die niemen gevelschen mohte.
dô daz niht langer tohte,
dô muoser ouch entwîchen, *3271*
und vlôch dô werlîchen
gegen einer sîner veste
die er dâ nâhen weste.
dâ er zuo dem hûse vlôch,
dâ was der burcberc sô hôch,
beidiu sô stechel und sô lanc,
daz in sunder sînen danc *3280*
her Îwein ergâhte an dem tor:
dâ vienc er in vor
und nam des sîne sicherheit
daz er gevangen wider reit
in der vrouwen gewalt,
diu sîn dâ vor sô dicke engalt,
und ir verwüestet hete ir lant.
er sazte ir gîsel unde pfant *3307*
daz er alle sîne schulde
buozte unz ûf ir hulde.
Ezn wart nie rîter mêre
erboten grœzer êre
dan mînem hern Îweine geschach,

dô man in zuo rîten sach
unde sînen gevangen man
eneben im vuorte dan.
dô in diu grævinne enpfienc 3301
unde engegen ime gienc
mit allen ir vrouwen,
dô mohte man schouwen
vil vriuntlîche blicke.
si besach in ofte und dicke:
und wolder lônes hân gegert,
des wærer dâ gewert:
sîne versaget im lîp noch guot.
sone stuont ab niender sîn muot:
ern wolde dehein ander lôn.
dô diu vrouwe von Nârisôn *(3287)*
ir nôt überwant
von sîner gehülfigen hant,
do begunder urloubes gern.
desn wolde sî in niht gewern:
wan an in stuont al ir muot.
si bedûhte des, er wære guot 3331
ze herren in ir lande:
und endûhtez sî niht schande, *fehlt für*
sî hete geworben umb in. *3810—3818*
und mich entriege mîn sin,
swie ez deheiniu entuo,
dâ hœret grœzer wîsheit zuo
daz sî umb den wurbe
von dem sî niht verdurbe,
dan sî sich den lieze erwerben
von dem sî müese verderben.
si bat in mit gebærden gnuoc;
daz er doch harte ringe truoc.
beide gebærde unde bete
die man in durch belîben tete,
daz was verloren arbeit:
wan er nam urloup unde reit, 3338
unde suochte dâ zehant 3341
den næhsten wec den er vant,
und volget einer strâze.
lûte âne mâze
hôrter eine stimme

clägelich und doch grimme.
nune weste mîn her Îwein
von wederm si wære under den [zwein,
von wurme ode von tiere:
er bevandez aber schiere.
wan diu selbe stimme wîst in
durch michel waltgevelle hin
dâ er an einer blœze ersach 3348
wâ ein grimmer kampf geschach,
dâ mit unverzagten siten
ein wurm unde ein lewe striten.
der wurm was starc unde grôz:
daz viur im ûz dem munde schôz. 3351
im half diu hitze und der stanc,
daz er den lewen des betwanc
daz er alsô lûte schrê.
hern Îwein tete der zwîvel wê
wederm er helfen solde,
und bedâhte sich daz er wolde
helfen dem edelen tiere.
doch vorhter des, swie schiere
des wurmes tôt ergienge,
daz in daz niht vervienge,
der lewe bestüende in zehant.
wan alsô ist ez gewant, *fehlt für*
als ez ouch undern liuten stât: *3854—3861*
sô man aller beste gedienet hât
dem ungewissen manne,
sô hüete sich danne
daz ern iht beswîche.
dem was diz wol gelîche.
doch wâgterz als ein vrum man,
er erbeizte und lief den wurm an 3376
und sluoc in harte schiere tôt
und half dem lewen ûz der nôt.
Dannoch dô er den wurm ersluoc,
dô heter zwîvel genuoc
daz in der lewe wolde bestân:
daz wart im anders kunt getân.
sich bôt der lewe ûf sînen vuoz
und zeict im unsprechende gruoz

mit gebærde und mit stimme.
hie liez er sîne grimme *fehlt für*
und erzeict im sîne minne *3872—3879*
als er von sînem sinne
aller beste mohte
und einem tiere tohte.
er antwurt sich in sîne pflege,
alser in sît alle wege
mit sînem dienste êrte
und volgt im swar er kêrte *3414*
und gestuont im zaller sîner nôt,
unz sî beide schiet der tôt. *3454*
Der lewe und sîn herre *3411*
die vuoren unverre
unz er ein tier ersmahte.
nû twanc in des sîn ahte,
beidiu der hunger und sîn art,
dô er des tieres innen wart,
daz er daz gerne wolde jagen.
dazn kunderm anders niht gesagen,
wan er stuont und sach in an
und zeicte mit dem munde dan:
dâ mite teterz im kunt.
dô gruoztern als einn suochhunt
und volgt im von der strâze
wol eines wurfes mâze,
dâ er ein rêch stânde vant, *3445*
unde vienc ouch daz zehant
und souc im ûz daz warme bluot:
dazn wær sînem herren doch niht
[guot.
nû schant erz dâ erz weste
veizet und aller beste,
und nam des einen brâten dan.
nû gienc ouch diu naht an.
er schurft ein viur und briet daz *3463*
und âz diz ungesalzen maz
âne brôt und âne wîn:
ezn moht eht dô niht wæher sîn.
daz im dâ überiges schein,
daz âz der lewe unz an diu bein.
Her Îwein leite sich und slief: *3478*

der lewe wachet unde lief
umb sîn ors unde umb in.
er hete die tugent und den sin
daz er sîn huote zaller zît,
beidiu dô unde sît.
diz was ir beider arbeit,
daz er nâch âventiure reit
rehte vierzehen tage, 3489
und daz mit selhem bejage
der wilde lewe disem man
sîne spîse gewan.
Dô truoc in diu geschiht 3490
(wande ern versach sichs niht)
vil rehte an sîner vrouwen lant,
dâ er den selben brunnen vant,
von dem im was geschehen,
als ich iu ê hân verjehen,
grôz heil und michel ungemach.
als er die linden drobe sach,
und dô im dâ zuo vor erschein
diu kapelle und der stein,
dô wart sîn herze des ermant
wie er sîn êre und sîn lant
hete verlorn und sîn wîp.
des wart sô riuwec sîn lîp,
von jâmer wart im alsô wê,
daz er vil nâch als ê 3492
von sînem sinne was komen,
unde im wart dâ benomen
des herzen kraft alsô gar
daz er zer erde tôtvar
von dem orse nider seic.
und als er vol sich geneic,
daz swert im ûz der scheide schôz: 3498
des güete was alsô grôz
daz ez im durch den halsperc brach
und im ein grôze wunden stach,
daz er vil sêre bluote.
des wart in unmuote
der lewe, wânde er wære tôt,
und was im nâch dem tôde nôt.
er rihte daz swert an einen strûch 3517

und wolt sich stechen durch den
wan daz im her îwein [bûch,
dannoch lebende vor schein.
er rihte sich ûf und saz
unde erwante dem lewen daz
daz er sich niht ze tôde stach.
her îwein clagete unde sprach
'unsælec man, wie verstû nû!
der unsæligest bistû
der ie zer werlte wart geborn.
nû wie hâstû verlorn (3530)
dîner vrouwen hulde!
jane wær diu selbe schulde
zer werlte niemans wan dîn,
ezn müese sîn ende sîn.
Er ist noch baz ein sælec man *fehlt für*
der nie dehein êre gewan *3969—3992*
dan der êre gewinnet
und sich sô niht versinnet
daz er sî behalten künne.
êre unde wünne,
der hât ich beider alsô vil
daz ichz gote clagen wil
daz ich ir ie sô vil gewan,
ichn solde stæte sîn dar an.
wær mir niht geschehen heil
und liebes ein vil michel teil,
sone west ich waz ez wære:
âne senede swære
sô lebet ich vrîlichen als ê:
nû tuot mir daz senen wê,
daz mir daz solde geschehen
daz ich muoz ane sehen
schaden unde schande
in mîner vrouwen lande.
diz ist ir êre unde ir lant:
daz stuont ê in mîner hant,
daz mir des wunsches niht gebrast:
des bin ich alles worden gast.
ich mac wol clagen mîn schœne wîp:
war umbe spar ich den lîp? 3547
mîn lîp wære des wol wert

daz mich mîn selbes swert
zehant hie an im ræche,
und ez durch in stæche.
sît ich mirz selbe hân getân,
ich solts ouch selbe buoze enpfân
(nû gît mir doch des bilde *3548*
dirre lewe wilde,
daz er von herzeleide sich
wolde erstechen umbe mich,
daz rehtiu triuwe nâhen gât);
sît mir mîn selbes missetât,
mîner vrouwen hulde,
unde dehein ir schulde,
ân aller slahte nôt verlôs,
und weinen vür daz lachen kôs.'
Dô disiu grôze clage geschach, *3563*
daz gehôrte unde sach
ein juncvrouwe, diu leit
von vorhten grœzer arbeit *fehlt für*
danne ie dehein wîp, *4014—4016*
wand sî gevangen ûf den lîp
in der kapellen lac.
und dô er dirre clage pflac,
dô sach sî hin vür
durch eine schrunden an der tür.
sî sprach 'wer claget dâ? wer?' *3570*
'wer vrâget des?' sprach aber er.
sî sprach 'herre, daz hie claget,
daz ist ein alsô armiu maget
daz von deheiner sache,
von manegem ungemache,
deheiniu armer möhte leben.'
er sprach 'wer möhte iu geben
sô grôzen kumber als ich hân?
ir muget wol iuwer clage lân:
wan der vervluochte daz bin ich.'
sî sprach 'daz ist unmügelich *3588*
daz iuwer kumber müge sîn
des endes iender sam der mîn.
ich sihe wol daz ir stât
unde rîtet unde gât
swar iuch iuwer wille treit:

sô ist mir daz vür geleit,
ich bin alsô gevangen,
verbrant ode erhangen
wird ich morgen an dem tage.
niemen ist der michs übertrage
mirne werde der lîp benomen.'
er sprach 'vrouwe, wie ist daz
[komen?'
sî sprach 'hab ich dehein schulde, *3598*
got welle daz ich sîn hulde
niemer gewinne.
vür eine verrâtærinne
bin ich dâ her in geleit:
daz lantvolc hât ûf mich geseit *fehlt für*
eine schult sô swære: *4050—4053*
und ob ich schuldec wære,
sô wær ich grôzer zühte wert.
ez nam in dem jâre vert *3652*
des landes vrouwe einen man:
dâ missegienc ir leider an:
die schulde legent sî ûf mich.
nû herre got, waz moht ich *fehlt für*
daz ir an im missegie? *4058—4074*
deiswâr geriet ich irz ie,
daz tet ich durch ir êre.
ouch wundert mich iemer mêre
daz ein alsô vrumer man
sô starke missetuon kan:
wander was benamen der beste
den ich lebende weste.
ouch enistz niht von den schulden
[sîn:
ez ist von den unsælden mîn.
alsus ring ich mit sorgen.
sî beitent mir unz morgen:
sô nement sî mir ouch den lîp.
wan ich bin leider ein wîp,
daz ich mich mit kampfe iht wer:
so enist ouch niemen der mich ner.'
Er sprach 'sô lâze ich iu den strît, *3607*
daz ir angesthafter sît
dan ich, sît ez sô umbe iuch stât

daz ez iu an den lîp gât,
ob ir iuch niht muget erwern.'
sî sprach 'wer möhte mich ernern?
der joch den willen hæte
daz erz gerne tæte,
wer hete dannoch die kraft
erne dulte meisterschaft?
wan ez sint drî starke man 3616
die mich alle sprechent an.
ich weiz ir zwêne, und ouch niht mê, 3614
an den sô vollecl̂ichen stê
diu tugent und diu manheit,
die sich sô starke arbeit
durch mich armen næmen an.
daz sint ouch zwêne selhe man,
ir ietweder slüege âne wer
disses volkes ein her;
und weiz daz ouch als mînen tôt,
west ir ietweder mîne nôt,
er kæme und væhte vür mich.
der dewedern mac ich
ze disen zîten niht hân,
und muoz mir an den lîp gân:
ouch entrûw ichs niemen wan den zwein.'
dô sprach der her Îwein
'nû nennet mir die drî man 3644
die iuch mit kampfe sprechent an:
und nennet mir danne mê 3620
die zwêne umbe diez sô stê,
der ietweder sô vrum sî
daz er eine væhte wider drî.'
sî sprach 'ich nennes iu alle wol.
die drî der gewalt ich dol,
der ein ist truhsæze hie, 3667
und sîne bruoder, die mir ie
wâren nîdec und gehaz,
wand mich mîn vrouwe hâte baz
dan sî mir des gunden,
und hânt si des überwunden
daz sî nû wol übersiht
swaz mir leides geschiht.
dô mîn vrouwe ir man nam,

der ir nâch wâne wol gezam
und sî dar nâch niht wol enlie, *(3661)*
dô begâben sî mich nie
mit tägelîcher arbeit,
sine zigen mich der valscheit
daz ez schüefe niuwan mîn list
daz ir sus missegangen ist.
und swaz ouch mir dâ von geschiht,
sône lougen ich des niht
ezn vuocte mîn rât und mîn bete
daz sîz ie umb in getete;
wand ich mich wol umb in versach,
geschæhez als ez doch geschach,
sî hetes vrume und êre.
nû velschent sî mich sêre,
ich habe sî verrâten.
wand sî mir dô tâten *fehlt für*
michel unreht unde gewalt, *4136—4145*
dô wart mîn leit vil manecvalt,
unde ich armiu verlorne
vergâhte mich mit zorne.
wan daz ist gar der sælden slac,
swer sînem zorne niene mac
getwingen, ern überspreche sich.
leider alsô tet ich mich.
ich hân mich selben verlorn.
ich sprach durch mînen zorn, *3680*
swelhe drî die tiursten man
sich von dem hove næmen an
daz sîz beredten wider mich,
einen rîter vund ich
der mit in allen drin strite,
ob man mir vierzec tage bite. *3691*
der rede giengen sî dô nâch: *3688*
wand mir was gewesen ze gâch:
man liez mich ir niht wandel hân, *fehlt für*
und enwart ouch des niht erlân *4155—4161*
ichn schüef in rehte sicherheit
daz ich der rede wære gereit
als ich dâ hete gesprochen,
daz ich in sehs wochen
mich mit kampfe lôste.

die zwêne der ich mich trôste,
die reit ich suochen in diu lant,
daz ich ir dewedern vant.
dô suocht ich den künec Artûs, *3693*
und envant dâ nieman ze hûs
der sich ez wolde nemen an:
sus schiet ich âne kempfen dan. *fehlt für 4168—4175*
des wart ich sô ze spotte hie
daz ez mir an mîn herze gie.
sus wurfen sî mich dâ her in,
als ich des beitende bin
daz sich mîn lîp sol enden:
wan die mirz hulfen wenden,
die sint mir nû vil ungereit.
mir hulfe ûz dirre arbeit
sweder ez weste von in zwein,
her Gâwein ode her Îwein.' *(3625)*
'Welhen Îwein meinet ir?' sprach er.
sî sprach 'herre, daz ist der *3627*
durch den ich lîde disiu bant.
sîn vater ist genant
der künec Urjên.
der kumber dâ ich inne stên, *fehlt für 4184—4211*
der ist von sînen schulden. *fehlt bis 4211*
mir was ze sînen hulden
alze liep und alze gâch,
unde ranc starke dar nâch
daz er herre wurde hie
leider als ez ouch ergie.
er behagete mir ze gâhes wol:
wan swer den man erkennen sol,
dâ hœret langer wîle zuo.
ich lobet in leider alze vruo:
ich wânde er kunde lônen baz.
mîn rât vuoget ime daz
daz sichs mîn vrouwe underwant
und gap im lîp unde lant.
nû hât er uns beswichen
im selben schädelichen.
ez ist sîn unsælekheit:
wan des swüer ich wol einen eit,
mîn vrouwe ist ein sọ edel wîp

daz er niemer sînen lîp
bestætet ûf der erde
ze hôherem werde:
sî ist sô schœne und sô rîch,
wær sî sînem lîbe gelîch,
sô vreuter sich daz sîz getete.'
dô sprach er 'heizet ir Lûnete?'
sî sprach 'herre, jâ ich.'
er sprach 'sô erkennet mich:
ich binz Îwein der arme. *3634*
daz ez got erbarme *fehlt für*
daz ich ie wart geborn! *4214—4269*
nû wie hân ich verlorn
mîner vrouwen hulde!
sît diu selbe schulde
niemannes ist wan mîn,
der schade sol ouch mîn eines sîn:
ichn weiz wem ich sî mêre gebe.
jane müet mich niht wan daz ich lebe:
ouch sol ich schiere tôt geligen.
deiswâr ich trûwe wol gesigen
an den rîtern allen drin,
die iuch geworfen hânt her in:
und swenn ich iuch erlœset hân,
sô sol ich mich selben slân.
mîn vrouwe muoz doch den kampf gesehen:
wander sol vor ir geschehen.
ichn weiz waz ich nû mêre tuo
wan daz ich ir morgen vruo
über mich selben rihte
und zuo ir angesihte
durch ir willen lige tôt:
wand ez muoz doch mîn senediu nôt
mit dem tôde ein ende hân.
diz sol allez ergân
daz sî niht wizze wer ich sî,
unz ich ersterbe und die drî
an den ich iuch rechen sol:
sô weiz mîn vrouwe danne wol,
sô sî bevindet, wer ich bin,

daz ich lîp und den sin *fehlt bis 4269*
von leide verloren hân.
diu râche sol vor ir ergân.
  Ez ist reht daz ich iu lône
der êrbæren krône
die ich von iuwern schulden truoc.
ich hete êren genuoc:
waz half mich daz ich golt vant?
ez ist eht vil unbewant
zuo dem tôren des goldes vunt:
er wirfet ez doch hin zestunt.
swie ich zuo mir selben habe getân,
ir sult iedoch gewis hân,
ichn lâze iuch niht under wegen.
wan dô ich tôt wære gelegen,
dô hulfet ir mir von sorgen:
alsô tuon ich iu morgen.'
  Nu entwâfent er sîn houbet:
dô wart ez im geloubet
daz erz her Îwein wære.
geringet wart ir swære:
von vreuden sî weinde
und sprach als sîz ouch meinde
'mirn mac nû niht gewerren,
sît ich mînen herren
lebenden gesehen hân.
ez was mîn angest und mîn wân
daz ir wæret erslagen.
ichn hôrte dâ ze hove sagen *3693*
von iu dehein daz mære
daz iuwer iht wære.'
  Er sprach 'mîn vrouwe Lûnete,
wâ was der noch ie tete *3698*
des alle vrouwen ruochten
die sînen dienest suochten,
mîn lieber friunt her Gâwein,
der ie nâch vrouwen willen schein,
ie ranc und noch tuot?
het ir im gesaget iuwern muot,
er hete iuch alles des gewert
des ir an in hetet gegert.'
sî sprach 'het ich den vunden, *3703*

sô het ich überwunden
mîne sorgen zehant.
daz ich sîn dâ niene vant,
daz was wunderlîchen komen.
in was diu künegîn genomen. 3706
daz hete ein rîter getân:
den woltens alle gelastert hân,
und was in den selben tagen,
dô ich dar kam durch clagen,
her Gâwein nâch gestrichen.
ich liez dâ wærlichen
umb die vrouwen grôz clagen,
unde ouch umb sîn nâch jagen.
sî vorhten daz sî daz wîp
verlürn, und dâ zuo er den lîp;
wand er niht wider wolde komen, 3714
ern ervüere wie sî wære genomen.'
Nû was im daz mære
durch sînen gesellen swære.
er sprach 'nû müez in got bewarn.
vrouwe, ich muoz von hinnen varn
und mich bereiten dar zuo.
und wartet mîn morgen vruo:
ich kume ze guoter kampfzît.
und alsô hövesch sô ir sît,
sone saget niemen wer ich sî. 3728
deiswâr ich slahe sî alle drî,
ich hilfe iu von dirre nôt,
od ich gelige durch iuch tôt.'
Sî sprach 'lieber herre, 3736
sô stüende iuch al ze verre
ze wâgen ein als vorder lîp
umb ein alsus armez wîp.
mir wær der rede gar ze vil:
und wizzet daz ich immer wil
den willen vür diu werc hân:
ir sult der rede sîn erlân.
iuwer leben ist nützer danne daz mîn.
und möht ez ein wâge sîn, *fehlt für 4324—4330*
sô getorste ichs iuch biten:
diz ist gar wider den siten
daz einer kempfe drî man.

die liute habent sich joch dar an *fehlt bis 4330*
daz zwêne sîn eines her:
sô wære diz gar âne wer.
verlüret ir durch mich den lîp,
sone wart nie dehein armez wîp
als unsælec als ich,
und dannoch slüegen sî ouch mich.
so ist bezzer mîn verderben *3743*
danne ob wir beidiu sterben.'
Er sprach 'diu rede sol bezzer
[wesen:
wan wir suln beidiu wol genesen.
deiswâr ich wil iuch trœsten wol,
wan ichz ouch bewaren sol.
ir hât sô vil durch mich getân:
ob ich deheine triuwe hân,
sone sol ich daz niht gerne sehen
daz iu dehein schade mac gesche-
dâ ichz kan erwenden. [hen
diu rede sol sich enden:
sî müezen iuch lâzen vrî,
od ich erslahe sî alle drî.'
nû was ir durch ir vrümekheit *fehlt für*
ir êre unde ir vrume leit. *4349—4356*
sî wære gerne genesen,
und möht ez alsô sîn gewesen
daz er den lîp niht verlür.
sît ab er mit vrîer kür
den kampf wolde bestân,
sô lie sîz sîn und muosez lân.
Nû entwelter dâ niht mê *3770*
(sîn lewe volget im als ê)
und reit unz er ein hûs ersach.
dâ was guot rîters gemach.
diu burc was harte veste
und allen wîs diu beste
vür stürme und vür mangen:
den berc hete bevangen
ein burcmûre hôch und dic.
doch sach vil leiden anblic
der dâ wirt was genant:
im was diu vorburc verbrant

unz an die burcmûre gar.
nû kam mîn her Îwein dar,
als in der wec lêrte.
dô er ze dem hûse kêrte,
dô wart diu brücke nider lân,
und sach engegen im gân
sehs knappen wætlîche: *3786*
sî zæmen wol dem rîche
von aller ir getât
an ir lîbe und an ir wât.
von den wart er wol enpfangen.
vil schiere kam gegangen
der wirt als ein bescheiden man:
der gruozt in unde vuort in dan
ûf daz hûs an guot gemach,
dâ er rîter und vrouwen sach *3805*
eine sûberlîche schar.
dô nam er ir beider war,
ir gebærde unde ir muotes:
done vander niht wan guotes.
  Swer ie kumber erleit, *fehlt für*
den erbarmet des mannes arbeit *4389—4396*
michels harter dan den man
der nie deheine nôt gewan.
der wirt het selbe vil gestriten
und dicke ûf den lîp geriten,
und geloupte dem gaste deste baz;
wander allez bi im saz
unz daz er entwâfent wart. *3808*
der wille was dâ ungespart
von manne und von wîbe,
er wart sînem lîbe
ze dienste gekêret
und über state gêret.
sî wurden vil vaste *3815*
ze liebe dem gaste
alle wider ir willen vrô:
wand ir herze meindez niender sô.
in hete ein tägelich herzeleit
vil gar ir vreude hin geleit;
dâ er niht umbe enweste,
er als ander geste.

ouch enhet ir vreude unde ir
deheiner slahte gelimpf. [schimpf
diu trügevreude ist ein niht, *fehlt für*
diu sô mit listen geschiht, *4413—4421*
sô der munt lachet
und daz herze krachet
von leide und von sorgen.
ouch ist ez unverborgen,
ezn kiese listvreude ein man
der sich iht versinnen kan,
und welch vreude niht des herzen
ouch half sî unlange ir list: [ist.
diu vorhte und die sorgen *3826*
die ûf ten tac morgen
hete wîp unde man,
die gesigeten ir vreuden an.
daz trûren behabte den strît,
und verkêrte sich sô in kurzer zît
daz iu daz nieman kan gesagen,
in ein weinen und in ein clagen
diu vreude der man dâ *jach*.
als daz her Îwein ersach,
dô vrâgte er den wirt mære,
waz im geschehen wære.
Er sprach 'saget mir, herre, *3835*
durch got waz iu werre,
und waz dirre wehsel diute:
daz ir und iuwer liute
sô niuwelîchen wâret vrô,
wie hât sich daz verkêret sô?'
dô sprach des hûses herre
'waz uns arges werre, *3839*
der mære endurfet ir niht gern.
iedoch enwelt irs niht enbern,
sô sage ich iu unser arbeit:
so beswært ez iuch: daz ist mir leit.
ez ist iuch nützer verswigen,
und vreut iuch mitten sæligen.
ich bin der Unsælden kint: *fehlt für*
mit ten die unsælec sint *4449—4452*
muoz ich leider sîn unvrô:
wan ez geziuhet mir alsô.'

Dô bat der gast unz an die stunt
daz im der wirt tete kunt
alle sîne swære.
er sprach 'mir ist unmære
der lîp immer mêre:
wand ich alte ân êre,
mir wære bezzer der tôt.
ich lîde laster unde nôt
von einem sô gewanten man
daz ich mich gerechen niene kan.
mir hât gemachet ein rise 3852
mîne huobe zeiner wise
und hât mich âne getân 3888
alles des ich solde hân,
unz an die burc eine;
und sag iu doch wie cleine
alle mîne schulde sint.
ich hân ein tohter, ein kint: 3854
daz ist ein harte schœniu maget:
daz ich im die hân versaget,
dar umbe wüestet er mich.
zewâre ê verlius ich
daz guot und wâge den lîp,
ê si immer werde sîn wîp.
dâ zuo hân ich sehs kint, 3863
die alle ritter sint:
die hât er gar gevangen,
und hât ir zwêne erhangen
daz ichz ane muose sehen.
wem möhte leider geschehen?
er hât ir noch viere:
die verlius ich aber schiere.
wan die selben vüeret er
vür die burc morgen her:
die wil er vor mir tœten
und mich dâ mite nœten
daz ich im ir swester gebe.
got welle niht daz ichz gelebe
und sende mir hînaht den tôt.
er giht (daz ist mîn meistiu nôt), 3871
swenn er mirs an beherte
mit selhem ungeverte,

sô weller ir ze wîbe haben rât,
und dem bœsten garzûn den er hât
deme welle er sî geben.
mac mir danne mîn leben
niht wol unmære sîn?
der rise heizet Harpîn. *3857*
hân ich den lasterlîchen spot *fehlt für*
gedienet iender umbe got, *4501—4506*
wold er daz rihten über mich
unde lieze den gerich
über mîniu unschuldigen kint,
diu biderbe unde guot sint!'
Dô der gast sîn ungemach *3899*
beidiu gehôrte unde gesach,
daz begund im an sîn herze gân.
er sprach 'wie habt ir daz verlân
irn suochtet helfe unde rât
dâ er iu ze suochen stât,
in des künec Artûses lande? *3907*
ir habet dise schande
âne nôt sô lange erliten.
ir soldet dar sîn geriten:
er hât gesellen, under den
ir hetet vunden etewen
der iuch des risen belôste.'
er sprach 'der mir ze trôste
dâ wære der beste
und kæme, oberz weste, *3934*
und hete ich in dâ vunden,
dern ist ze disen stunden
niht dâ ze lande.
der künec treit ouch die schande *fehlt für*
der er vil gerne enbære. *4526—4715*
welt ir ein vremde mære
hœren, daz wil ich iu sagen.
ez kam in disen siben tagen
ein rîter geriten dar
und nam des vil rehte war
daz er zen selben stunden
die von der tavelrunden
umbe den künec sitzen sach.
er erbeizte vür in unde sprach

'ich bin ûf gnâde her komen. *fehlt bis 4715*
herre, ich hân von iu vernomen
die milte und die vrümekheit,
ich gedinge mir sî unverseit
ein gâbe der ich von iu ger:
nâch der bin ich komen her.'
dô sprach der künec Artûs
'swaz ir gebietet hie ze hûs,
des sît ir alles gewert,
ist daz ir betelîchen gert.'
Er sprach 'daz sult ir an mich lân.
als ich von iu vernomen hân,
sô müese iu daz missezemen,
woldet ir iht ûz nemen.
swaz ez nû sî des ich bite,
dâ êret mich mite
und lât die bete her ze mir,
wand ich ir anders gar enbir.'
Daz widerredte der künec Artûs.
sus schiet er ûz sînem hûs
vil harte zornlichen dan.
er sprach 'ez ist vil manec man
an disem künige betrogen:
diu werlt hât vil von im gelogen.
man saget von sîner miltekheit,
ezn wurde rîter nie verseit
swes er in ie gebæte.
sîn êre sîn unstæte,
dem er wol gevalle.'
diz bâgen hôrten alle
die von der tavelrunde.
sî sprâchen mit einem munde
'herre, ir habet missetân,
welt ir den rîter alsus lân.
wem habt ir ouch iht verseit?
lât ez an sîne hövescheit.
er gelîchet sich wol einem man
der betelîchen biten kan.
scheidet er von hinnen
mit selhen unminnen,
ern gesprichet nimmer mêre
dehein iuwer êre.'

Der künec sich dô bedâhte *fehlt bis 4715*
und schuof daz man in brâhte,
und gelobet im des stæte,
ze leistenne swes er bæte.
ouchn bedorfter mêre sicherheit:
wan sîn wort daz was ein eit.
dô bat er als ein vrävel man
daz er müese vüeren dan
sîn wîp die küneginne.
daz hæte die sinne
dem künege vil nâch benomen.
er sprach 'wie bin ich überkomen!
die disen rât tâten,
die hânt mich verrâten.'
Dô in der rîter zürnen sach,
dô trôster in unde sprach
'herre, habent guote site,
wand ich ir anders niene bite
niuwan mit dem gedinge,
ob ich sî hinnen bringe;
ir habet der besten ein her:
ob ich sî allen den erwer
die mir durch sî rîtent nâch.
ouch ensol mir niht wesen gâch,
niuwan als alle mîne tage;
und wizze wol swer mich jage
daz ich sîn wol erbîte
und niemer gerîte
deste drâter umb ein hâr.'
nû muose der künec lâzen wâr
daz er gelobete wider in:
er vuorte die küneginne hin.
unde dô sî schiet von dan,
dô sach sî jæmerlîchen an
alle die dâ wâren,
und begunde gebâren
als ein wîp diu sêre
sorget umb ir êre,
unde mantes als sî kunde
mit gebærde und mit munde,
daz man sî ledeget enzît.
der hof enwart vor des noch sît

sô harte nie beswæret: *fehlt bis 4715*
loch wârens unerværet
die sî dâ vüeren sâhen.
dâ wart michel gâhen:
ez rief dirre und rief der
'harnasch unde ors her:'
und swer ie gereit wart,
der jagte nâch ûf die vart.
sî sprâchen 'es wirt guot rât,
sît erz uns sô geteilet hât:
er vüeret sî unverre,
ezn sî daz unser herre
mit im wider uns sî.'
dô sprach der herre Keiî
'in beschirmt der tiuvel noch got,
der uns disen grôzen spot
an mîner vrouwen hât getân,
ezn müez im an sîn êre gân.
ich bin truhsæze hie ze hûs,
unde ez hât der künec Artûs
verschuldet um mich harte wol
daz ich gerne ledegen sol
mîne vrouwen sîn wîp.
deiswâr ez gât im an den lîp:
ern vüert sî sunder mînen danc
nimmer eines ackers lanc.
weizgot, wester mich hie,
ern wære her ze hove nie
ûf sus getâne rede komen:
ich sol sîm schiere hân benomen.
iu solde versmâhen
daz gemeine nâch gâhen.
waz sol dirr ungevüege schal,
daz dirre hof über al
durch einen man wil rîten?
ich getrûw im wol gestrîten:
ich eine bin im ein her.
ern gesetzet sich nimmer ze wer,
swenn er siht daz ich ez bin:
unde waz hulfez in?
ir muget wol alle hie bestân,
sît ich michz an genomen hân:

ich erlâze iuch aller arbeit.' *fehlt bis 4715*
hie mite was ouch er gereit
unde was der êrste an in:
ouch geriet der êrste ungewin
ze sînen unêren,
als er den gast bat kêren.
daz was in einem walde.
ouch kêrter alsô balde:
mit grôzen kreften stach er in
enbor ûz dem satel hin,
daz im ein ast den helm gevienc
und bî der gurgeln gehienc.
und wan daz in sîn geverte
der übele tiuvel nerte,
sô wær er dâ benamen tôt:
doch leit er hangende nôt.
er wart doch leider ledec sît:
doch hienc er dâ unz an die zît
daz er vor in allen leit
laster unde arbeit.
der næhste was Kâlogrenant
der in dâ hangende vant
niht anders wan als einen diep:
dern lôst in niht, ez was im liep.
der gâhte ouch an den gast:
vil lützel doch des gebrast
daz im niht sam geschach,
wandern ouch dernider stach.
  Die in sît hangen sâhen,
den benam daz gâhen,
der unwille, und sîn schalkheit,
daz dâ männeclich vür reit.
in erreit ûf einem gevilde
Dodines der wilde
unde brach ûf im sîn sper:
dâ mite wart ouch er
gesetzet ûf daz gras
als lanc sô daz sper was.
Segremors erreit in dô:
dem geschach rehte alsô.
dar nâch erreit in Hênete,
dem er alsam tete.

Plîopleherîn und Millemargot *fehlt bis 4715*
die wurden beide ir selber spot
mit selhem ungevelle,
und Îdêrs ir geselle.
daz ich sî alle nenne
die ich dâ erkenne,
daz ist alsô guot vermiten:
wan alle die im nâch riten
die streuter nâch ein ander.
nieman envander
der die vrouwen lôste.
ir wære komen ze trôste *3930*
mîn herre Gâwein,
der ie in rîters êren schein:
done was er leider niender dâ.
er kam aber sâ
morgen an dem næhsten tage,
unde durch des küneges clage
sô ist er nâch gestrichen *3937*
und wil im nämelichen
wider gewinnen sîn wîp
ode verliesen den lîp.
ich suocht in in den selben tagen,
als ich ez gote wil clagen,
daz ich sîn dâ niht envant.
ez ist im sô um mich gewant
daz er mir müese gestân
ze mînem kumber den ich hân:
mîn wîp ist sîn swester. *3917*
ich kam alrêst gester:
und sît ich sîn âne komen bin,
so ist aller mîn trôst dâ hin.
enmuoz ich niht wol sorgen?
wan nû verlius ich morgen
alle mîn êre.'
nû erbarmet diz sêre *3940*
den rîter der des lewen pflac.
er sprach 'ich sol um mitten tac
morgen komen an eine stat
dar mich ein vrouwe komen bat
diu mir vil gedienet hât,
und der ez an den lîp gât,

enkum ich dar niht enzît.
ob ir des gewis sît
daz uns der rise kume sô vruo, 3946
swenn ich mîn reht getuo
daz ich im an gesige,
ob ich vor im niht tôt gelige,
daz ich umbe mitten tac
dannoch hin komen mac
dar ich mich gelobet hân,
sô wil ich in durch iuch bestân
und durch iuwer edel wîp:
wan mir ist mîn selbes lîp
niht lieber danne ir bruoder ist.'
nû kam gegangen an der vrist 3957
des wirtes tohter und sîn wîp.
nu gesach er nie kindes lîp
schœner dan diu selbe maget,
enhete sî sich niht verclaget.
nu enpfiengen sî in beide wol,
als man lieben gast sol.
Dô sprach der wirt 'mich dunket [guot 3970
daz ir vil dienesthaften muot
traget iuwerm gaste.
er hât sich alsô vaste
unser swære an genomen,
wir suln sî mit im überkomen,
geruochet sîn unser trehten.
er sprichet er welle vehten:
dô ich im mîne clage tete,
dô gelobt er mir âne bete
er welle durch uns tôt geligen
ode dem risen an gesigen,
dem ich sô vil vertragen muoz.
nû gnâdet im ûf sînen vuoz: 3977
daz ist mîn bete und mîn gebot.'
her Îwein sprach 'nu enwelle got 3978
daz mir diu unzuht geschehe
daz ich ze mînen vüezen sehe
diu mîns hern Gâweins swester ist.
jâ wære des, wizze Krist, *fehlt für*
dem künege Artûs ze vil. *4786—4792*

ich sol unde wil *fehlt bis 4792*
gedienen immer mêre
daz sî der grôzen êre
mich armen man erlâze:
mich gnüeget rehter mâze.
ich sag iu wie ich in bestê. *3999*
als ich iu gelobete ê,
kumt er uns vruo ze selher zît,
swenne sich endet der strît,
daz ich umbe mitten tac
ir ze helfe komen mac
der ichz ê gelobet hân,
sô wil ich in durch iuch bestân,
durch mîner vrouwen hulde,
und durch iuwer unschulde.'
Des trôstes wurden sî vrô *4006*
unde machten im dô
beide vreude unde spil,
und sîne dûhte niht ze vil
deheiner der êren
die sî mohten kêren
im ze sînen hulden:
sî dûhte ez wære von schulden.
sî prîsten sêre sînen muot:
er dûhtes biderbe unde guot,
in allen wîs ein hövesch man.
daz kuren sî dar an
daz der lewe bî im lac *4010*
und anders sites niene pflac
niuwan als ein ander schâf.
guot spîse und dar nâch senfter slâf
diu wâren im bereit hie,
und erwachte dô der tac ûf gie,
und hôrte eine messe vruo *4031*
und bereite sich darzuo
als er kempfen wolde
den der dâ komen solde.
Als er dô niemen komen sach,
daz was im leit, unde sprach
'herre, nu wær ich iu gereit: *4036*
iu ist der lîp unverseit:
wâ ist der dâ komen sol?

mîn tweln enkumt mir niht wol:
ich sûme mich vil sêre.
ez gât an alle mîn êre
swaz ich nû hie gebîte:
ez ist zît daz ich rîte.'
Diu drô tete in wê,
und wurden trûrec als ê.
vil müelîch was in ein dinc:
sîne westen welch gerinc
in aller beste êrte,
der im den muot bekêrte.
wan der wirt bôt im sîn guot: *4054*
er sprach 'sône stât niht mîn muot
daz ich ûf guotes miete
den lîp iht veile biete,'
und widersaget imz dô gar.
des wurden harte riuwevar
der wirt und daz gesinde,
diu vrouwe mit ir kinde.
ez wart vil dicke von in zwein
sîn bester vriunt her Gâwein *4068*
an der bete genant
unde er bî im gemant;
und manten in sô verre,
daz got unser herre
im sælde und êre bære
der erbarmherze wære:
erbarmet er sich über sî,
dâ stüende gotes lôn bî.
Daz beweget im den muot:
wan er was biderbe unde guot.
man saget daz in betwunge
diu tiure manunge,
dô er ir dürfte rehte ervant
und im sô ofte wart genant
got und her Gâwein: *4085*
wan swederm er under den zwein
grœzern unwillen truoc,
dem dienter gerne genuoc.
Des wart sîn muot zwîvelhaft. *fehlt für*
er gedâhte 'ich bedarf wol meister- *4869—4913*
[schaft,

sol ich daz wægest ersehen. *fehlt bis 4913*
mir ist ze spilne geschehen
ein gâch geteiltez spil:
ezn giltet lützel noch vil,
niuwan al mîn êre.
ich bedarf wol guoter lêre.
ich weiz wol, swederz ich kiuse,
daz ich an dem verliuse,
ich enmöht ir beider gepflegen,
ode beidiu lâzen under wegen,
ode doch daz eine:
sô wær mîn angest cleine.
sus enweiz ich mîn deheinen rât.
ich bin, als ez mir nû stât,
gunêret ob ich rîte
und geschendet ob ich bîte.
nune mag ichs beidiu niht bestân
und getar doch ir dewederz lân.
nû gebe mir got guoten rât,
der mich unz her geleitet hât,
daz ich mich beidenthalp bewar
sô daz ich rehte gevar.
ichn wil benamen die niht lân
der ich mich ê geheizen hân
und diu ir angest und ir leit
niuwan von mînen schulden treit:
wan liez ich die danne,
wie zæme daz guotem manne?
doch wære diu eine maget
dâ wider schiere verclaget,
wider dem schaden der hie geschiht,
gieng ez mir an die triuwe niht.
sô wære ouch dirre wirt wol wert,
der ouch mîner helfe gert,
und hern Gâweins swester und ir [kint,
diu mir ze herzen gânde sint
durch sî selben und durch in
dem ich wol schuldec bin
daz ich im niht des abe gê
daz im ze dienste gestê.
muoz ich sî under wegen lân,

sô habent sî des immer wân *fehlt bis 4913*
daz ich des lîbes sî ein zage.'
nû schiet den zwîvel und die clage
der grôze rise des sî dâ biten: *4090*
der kam dort zuo in geriten
und vuorte sîne gevangen.
an den het er begangen
grôze unhövescheit.
in wâren aller hande cleit
ze den zîten vremde,
niuwan diu bœsten hemde
diu ie küchenkneht getruoc.
sî treip ein getwerc, daz sî sluoc *4106*
mit sîner geiselruoten
daz sî über al bluoten.
die herren riten ungeschuoch:
ir hemde was ein sactuoch,
gezerret, swarz, unde grôz:
die edelen rîter wâren blôz
an beinen unde an armen.
den gast begunde erbarmen
diu grôze nôt die sî liten.
ir pfärit wâren, diu sî riten,
tôtmager und vil kranc:
ir ietwederz strûchte und hanc.
die vüeze wâren in unden
zesamene gebunden
und die hende vaste
ze rücke mit baste.
den gurren die sî truogen hin,
den wâren die zagele under in *4104*
zesamene gevlohten,
daz sî niene mohten
ein ander entwîchen.
dô sî sô jæmerlîchen
ir edel vater rîten sach,
daz im sîn herze niene brach
von jâmer, des wundert mich:
wandez was wol jæmerlich.
Sus vuorters vür daz bürgetor: *4112*
dâ hôrten sî in ruofen vor,
er hienges alle viere,

ob man sî niht vil schiere
mit ir swester lôste.
dô sprach der sî dâ trôste, *4134*
der rîter der des lewen pflac
'deiswâr, herre, ob ich mac,
ich ledige unser gesellen.
got sol disen vellen:
er ist ein unbescheiden man.
mich sterket vaste dar an *fehlt für*
iuwer reht und sîn hôchvart, *4962—4972*
daz diu ie sô grôz wart.
ern kan sich lasters niht schamen,
daz ers ir geburt unde ir namen
niht enkan geniezen lân,
swaz sî im joch hæten getân.
ichn sol kein rîter schelten:
iedoch muoz er engelten
sîner ungewizzenheit.
deiswâr, mac ich, ez wirt im leit'
Er hete in kurzen stunden *4157*
den helm ûf gebunden
und was vil schiere gereit:
daz lêrt in diu gewonheit.
sîn ors sach er bî im stân,
er hiez die brücke nider lân. *4146. 4165*
er sprach 'diz sol sich scheiden
unser einem ode uns beiden
nâch schaden und nâch schanden.
ich getrûwes mînen handen
daz ich sîn drô genidere.
deiswâr er muoz iu widere
iuwer süne gesunde geben,
ode er nimt ouch mir daz leben:
und swederz der sol geschehen,
daz hât man schiere gesehen.'
sus was im an den risen gâch:
sîn lewe volget im allez nâch. *4168*
Dô in der rise komen sach,
daz was sîn spot, unde sprach *4184*
'ouwê, ir vil tumber man, *fehlt für*
waz nemet ir iuch an *4993—4996*
daz ir sô ungerne lebet

und sus nâch tem tôde strebet?
daz ist ein unwîser rât:
und swer iu daz gerâten hât, *4184*
dem ist iuwer leben leit,
und wil sich mit der wârheit
vil wol an iu gerochen hân
swaz ir im leides habt getân,
und hât sich ouch gerochen wol,
wand ich daz schiere schaffen sol
daz ir im niemer mê getuot
deweder übel noch guot.'
Des antwurt im her Îwein sô *4190*
'rîter, waz touc disiu drô?
lât bœse rede und tuot diu werc:
ode ich entsitze ein getwerc *fehlt für*
harter dan iuwern grôzen lîp. *5010—5016*
lât schelten ungezogeniu wîp:
dien mugen niht gevehten.
und wil sîn unser trehten
nâch rehtem gerihte pflegen,
sô sît ir schiere gelegen.'
Nû hâte dem risen geseit *4208*
sîn sterke und sîn manheit
waz im gewæfen töhte
und wer im geschaden möhte:
in dûhte er hete gewæfens gnuoc
an einer stange die er truoc. *4197*
nû vreute sich her Îwein
daz er als ungewâfent schein.
under den arm sluoc er *(4210)*
mit guotem willen daz sper
und nam daz ors mitten sporn,
und het in ûf die brust erkorn
und stach im einen selhen stich
daz daz îsensper sich
lôste von dem schafte
und im in dem lîbe hafte.
ouch sluoc im der rise einen slac,
daz ich daz wol sagen mac,
enhet in daz ors niht vür getragen,
daz er im hæte geslagen
noch einen slac als er dô sluoc,

es wær ze dem tôde genuoc:
dô truoc in daz ors dan
unz daz er daz swert gewan. (4206)
sâ kêrter wider ûf in,
unde gestiurt in des sîn sin
sîn kraft und sîn manheit,
dô er wider ûf in reit,
daz er im eine wunden sluoc.
dô in daz ors vür truoc,
dô sluoc im der rise einen slac,
daz er dâ gar gestrahter lac
vor ûf dem orse vür tôt.
do ersach der lewe sîne nôt 4219
und lief den ungevüegen man
vil unsitelîchen an
und zart im cleit unde brât
als lanc sô der rücke gât
von den ahseln her abe,
unz daz der michel knabe
als ein ohse erluote, 4228
und wante die ruote
die er dâ ze wer truoc.
und dô er nâch dem lewen sluoc,
dô entweich im der lewe dan, 4232
und entraf den lewen noch den man.
im wart zuo dem slage sô gâch
daz er sich neicte darnâch
und ouch vil nâch dernider lac:
ê er erzüge den andern slac,
dô hete sich her Îwein
mit vil grôzen wunden zwein
an im vil wol gerochen
und daz swert durch in gestochen
dâ vor dâ daz herze lît.
dô was verendet der strît,
und viel von der swære
als ez ein boum wære. 4245
Von des risen valle
vreuten sî sich alle,
den wol dar an was geschehen.
sî heten heiles gesehen
den rîter der des lewen pflac:

wand sî lebeten vür den tac
âne angest unde ân nôt,
dô der rise gelac tôt:
des gnâdeten si im genuoc,
dem hern Îweine der in sluoc.
ouch gerter urloubes sâ:
wander enhete sich dâ *4262*
niht ze sûmen mêre,
ob er sîne êre
an ir bestæten wolde
der er dâ komen solde
ze helfe umbe mitten tac,
diu dâ durch in gevangen lac.
der wirt begund in starke biten *(4265)*
(daz wær alsô guot vermiten)
daz er dâ ruowen wolde:
ern mohte noch ensolde.
dô antwurt er und sîn wîp *fehlt für 5097—5112*
beidiu guot unde lîp
vil gar in sîne gewalt.
daz gnâden wart vil manecvalt,
daz er dâ hôrte von in zwein.
dô sprach mîn her Îwein
'welt ir mich des geniezen lân
ob ich iu iht gedienet hân,
sô tuot ein dinc des ich bite:
dâ ist mir wol gelônet mite.
mînen hern Gâwein minn ich:
ich weiz wol, alsô tuot er mich:
ist unser minne âne kraft,
sone wart nie guot geselleschaft.
den ernest sol ich im niuwen
swâ ich mac entriuwen.
herre, zuo dem rîtent ir *4273*
unde grüezent in von mir,
und vüerent mit iu iuweriu kint
diu dâ hie erledeget sint,
und daz ir swester mit in var,
und vüeret ouch daz getwerc dar,
des herre dâ hie lît erslagen,
und sult im des genâde sagen
swes ich iu hie gedienet hân:

wan daz hân ich durch in getân.
vrâger iuch wiech sî genant,
sô tuot im daz erkant
daz ein lewe mit mir sî: 4291
dâ erkennet er mich bî.'
Daz gelobet der herre,
und bat in des vil verre, 4265
swenn er zuo dem brunnen gestrite,
daz er dar wider rite:
er schüef im guoten gemach.
mîn her Îwein dô sprach
'mîn rîten daz ist mislich.
ich kume iu gerne, lânt sî mich
mit ten ich dâ strîten sol:
ich getrûwe abe in des wol,
mugen sî mirz an erstrîten,
sine lânt mich niender rîten.'
dô bat dâ man unde wîp
daz got sîn êre und sînen lîp
vriste und behuote:
mit lîbe und mit guote
stüenden sî im ze gebote.
alsus bevalch er sî gote. 4304
Im wârn die wege wol kunt, 4317
und was ouch deste kurzer stunt
zuo der kapellen komen.
dô was diu juncvrouwe genomen 4319
her ûz dâ sî gevangen lac
(wand ez was wol um mitten tac),
und wâren ir in den stunden
die hende gebunden,
ir cleider von ir getân
und niuwan ir hemde an verlân,
und diu hurt was bereit
und daz viur dar under geleit,
unde stuont vrou Lûnete
ûf ir knien an ir gebete 4389
und bat got der sêle pflegen,
wan sî hete sich des lîbes bewegen.
Dô sî sich missetrôste
daz sî nû nieman lôste,
dô kam ir helfære,

und was im vil swære 4331
ir laster unde ir arbeit,
die sî von sînen schulden leit.
ouch hete mîn her Îwein
grôzen trôst zuo den zwein,
daz got und ir unschulde
den gewalt niene dulde
daz im iht missegienge,
und daz in ouch verviende 4336
der lewe sîn geverte
daz er die maget ernerte.
Nû gâhte er sêre mitten sporn:
wand sî wære verlorn,
wær er iht langer gewesen.
er rief und sprach 'lât genesen, 4338
übeliu diet, dise maget.
swaz man über sî hie claget,
des wil ich in ir schulden stân:
und sol sî dâ zuo kempfen hân,
sô wil ich vehten vür sî.'
dô daz gehôrten dise drî,
daz versmâhet in vaste:
doch entwichen sî dem gaste
und macheten im wec dar. 4343
nû nam er umbe sich war,
und suochtes mitten ougen, 4347
die sîn herze tougen
zallen zîten an sach
unde ir ouch ze vrouwen jach.
schiere sach er sî sitzen,
und was von sînen witzen
vil nâch komen als ê:
wand sî sagent, ez tuo wê, *fehlt für*
swer sînem herzenliebe sî *5196—5198*
alsô gastlichen bî.
Nu begunder umbe schouwen
und sach vil juncvrouwen, 4358
die ir gesindes wâren:
die hôrter gebâren
harte clägelîchen.
sî bâten got den rîchen,
sî sprâchen 'got herre, 4361

wir biten dich vil verre
daz dû uns rechest an deme
der uns unser gespilen neme.
wir heten ir vrume und êre:
nune habe wir nieman mêre
der dâ ze kemenâten
umb uns getürre râten
daz uns mîn vrouwe iht guotes tuo,
als beide spâte unde vruo
diu vil getriuwe Lûnete
unser liebiu gespile tete.'
Diz machet im sînen muot
ze vehten starc unde guot,
und reit dar dâ er sî sach.
er hiez sî ûf stân unde sprach
'vrouwe, zeiget mir die *4396*
die iuch dâ kumbernt, sint sî hie:
und heizet iuch drâte ledec lân,
ode sî müezen von mir hân
den strît den ich geleisten mac.'
und sîn lewe, der sîn dâ pflac,
der gesach vil schiere sînen haz
und gestuont hin nâher baz.
Nû was diu reine guote maget
von vorhten alsô gar verzaget
daz sî vil kûme ûf gesach:
do gevienc sî kraft unde sprach
'herre, daz vergelt iu got: *4402*
der weiz wol daz ich disen spot
und dise schande dulde
ân alle mîne schulde;
und bite des unsern herren
daz sî iu müezen werren
niuwan als ich schuldec sî,'
und zeicte sî im alle drî.
Dô sprach der truhsæze
'er ist gnuoc tumpræze *4416*
der her kumt sterben durch dich.
nû ist ez gnuoc billich, *fehlt für*
swer selbe des tôdes ger, *5244—5248*
daz mans ouch den gewer,
und der ouch danne vehte

sô gar wider dem rehte.
wan ez hât allez diz lant 4464
ir untriuwe wol erkant,
wie sî ir vrouwen verriet
daz sî von ir êren schiet.
deiswâr, herre, ich râte iu daz
daz ir iuch bedenket baz.
ich erban iu des vil sêre
daz wir iu iuwer êre
müezen nemen untten lîp
umb ein sô ungetriuwez wîp.
nû seht daz unser drî sint: 4420
und wæret ir niht ein kint,
ir möhtet wol die rede lân
diu iu an den lîp muoz gân.'
Dô sprach der rîter mittem leun
'ir muget mir harte vil gedreun:
ir müezet mich bestân
ode die juncvrouwen lân.
mir hât diu unschuldige maget 4435
bî dem eide gesaget
daz sî wider ir vrouwen sî
aller untriuwen vrî
und daz si ir nie getæte
deheine misseræte.
waz von diu, sint iuwer drî?
wænet ir daz ich eine sî?
got gestuont der wârheit ie: 4444
mit ten beiden bin ich hie.
ich weiz wol, sî gestânt mir:
sus bin ich selbe dritte als ir.
dar an lît, wæn ich, grœzer kraft
danne an iuwer geselleschaft.'
Dô sprach der truhsæze
'swes ich mich vermæze *fehlt für*
wider unsern herren got, *5282—5286*
des gevieng ich schaden unde spot.
herre, zuo dem drôt ir mir:
ich getrûw im helfe baz dan ir.
ich sihe iuch ein geverten hân,
den sult ir hôher heizen gân,
iuwern lewen der hie stât:

der andern wirdet guot rât.
hien vihtet niemen mit iu zwein.'
dô sprach mîn her Îwein
'der lewe vert mit mir alle zît: *4453*
ichn vüere in durch deheinen strît,
ich entrîb in ouch von mir niht:
werent iuch, tuot er iu iht.'
dô riefens alle under in,
ern tæte sînen lewen hin,
mit im envæhte niemen dâ,
und zewâre er müese ouch sâ
die juncvrouwen brinnen sehen.
er sprach 'desn sol niht geschehen.'
sus muose der lewe hôher stân: *4475*
dochn mohter des niht verlân *fehlt für*
ern sæhe über den rücke dan *5304—5306*
sînen herren wider an.
  Sus sint diu wort hin geleit, *4476*
und wurden ze strîte gereit.
sî wâren alle viere
ze orse komen schiere
und liezen von ein ander gân,
dazs ir puneiz möhten hân,
und triben alle drî dan
wider ûf ten einen man,
swaz diu ors mohten gevarn.
dar under muoser sich bewarn *fehlt für*
dar nâch als ein wîser man *5316—5320*
der sîne rîterschaft wol kan
und sîne kraft mit listen
ze rehten staten vristen.
sî brâchen ûf im alle ir sper: *4482*
daz sîn behielt aber er
unde warf daz ors von in
unde leisierte hin
von in eines ackers lanc,
und tete schiere den widerwanc
unde lîmte vaste sîn sper
vor ûf sîne brust her,
als in diu gewonheit lêrte.
und dô er zuo in kêrte,
dô muot im mittem swerte *4490*

der truhsæze, als er gerte
von sînen bruodern zwein.
dô nam ern underz kinnebein,
rehte vliegent stach er in
enbor über den satel hin,
daz er ûf dem sande gelac
unde alles des verpflac
des im ze schaden mohte komen.
der trôst was den zwein benomen:
wand er lac lange âne sin.
nû riten wider ûf in *4497*
die zwêne die noch werten,
und pflâgens mitten swerten
als guote rîter solten.
daz wart in wol vergolten,
wande ie sîn eines slac
vaste wider ir zwein wac.
er bedorfte wol kraft unde wer:
wan zwên sint iemer eines her.
Die juncvrouwen bâten alle got *4512*
daz er sîn gnâde und sîn gebot
in ze helfe kêrte,
und ir kempfen êrte,
daz er in ze trôste
ir gespiln erlôste.
nu ist got sô gnædec und sô guot *fehlt für*
und sô reine gemuot *5357—5369*
daz er niemer enkunde
sô manegem süezen munde
betelîchiu dinc versagen.
ouch enwâren sî niht zagen
die dâ mit im vâhten,
wande sî in brâhten
in vil angestlîche nôt.
und zewâre âne den tôt
bekumberten sî in sêre:
dochn mohten si im dehein êre
vürnames an gewinnen.
nû kam ze sînen sinnen *4505*
der truhsæze widere
und enlac niht mê dâ nidere:
er bürte schilt unde swert

und gienc ze den bruodern wert.
Dô dûhte den lewen er hete zît 4509. 4521
sich ze hebenne an den strît,
und lief ouch sâ den gânden man
vil unbarmeclîchen an
und zarte im daz îsen.
man sach die ringe rîsen
sam sî wæren von strô. 4525
sus entworhter in dô,
wand er in gar zevuorte,
swaz er sîn beruorte.
vor im gewan vrou Lûnete *fehlt für*
vride von des lewen bete. *5385—5388*
diu bete was niuwan der tôt:
des vreut sî sich, des gie ir nôt.
Hie lac der truhsæze:
nû wart der lewe ræze 4538
ze sînen kampfgenôzen,
die manegen slac grôzen
heten enpfangen und gegeben.
werten sî nû wol daz leben,
daz was in guot vür den tôt:
wand sî bestuont nû michel nôt.
nû wâren zwêne wider zwein: 4533
wand ezn mohte her Îwein 4539
den lewen niht vertrîben:
dô liez erz ouch belîben.
er hete sîner helfe wol enborn,
und lie ez ouch ân grôzen zorn
daz er in sîne helfe spranc:
ern sagtes im danc noch undanc.
sî vâhtens bêdenthalben an,
hie der lewe, dort der man.
ouch ensparten sî lîp noch den [muot:
soldens dâ von sîn behuot,
sî wâren werhaft genuoc:
unde ir ietweder sluoc 4548
dem lewen eine wunden.
dô er der hete enpfunden, *fehlt für*
dô wart er ræzer vil dan ê. *5412—5413*
ouch tete dem hern Îwein wê 4549

daz er den lewen wunden sach.
daz bescheinder wol: wander brach
sîne senfte gebærde,
von des lewen beswærde
gewan er zornes alsô vil
daz er sî brâhte ûf daz zil
daz sî gar verlurn ir kraft
und gehabeten vor im zagehaft.

Sus wârens überwunden
iedoch mit vier wunden
die sî im heten geslagen.
dochn hôrt in dâ nieman clagen *4564*
deheinen der im geschach,
niuwan des lewen ungemach.

Nû was ez ze den zîten site *4572*
daz der schuldegære lite
den selben tôt den der man
solde lîden den er an
mit kampfe vor gerihte sprach,
ob ez alsô geschach
daz er mit kampfe unschuldec wart.
dazn wart ouch hie niht gespart:
sî wurden ûf den rôst geleit. *4570*
vroun Lûneten wâren gereit
die juncvrouwen alle,
mit manegem vuozvalle
gnâdeten si im sêre
und buten im alle die êre
der er von in geruochte
und vürbaz danne er suochte.

Vrou Lûnete was vil vrô: *4576*
wand ez gezôch ir alsô.
si gewan ir vrouwen hulde *4577. (4568)*
und hete âne schulde
erliten kumber unde nôt:
des ergazte sîs unz an ir tôt.

Noch erkand in dâ wîp noch man, *4582*
und schiet ouch alsô lîhte dan;
niuwan eine vrou Lûnete,
diu daz durch sîn gebot tete
daz sî in niemen ennande.
daz in diu niht erkande *4583*

diu doch sîn herze bî ir truoc,
daz was wunders genuoc.
doch bat sî in vil verre,
sî sprach 'lieber herre,
durch got belîbet hie mit mir:
wand ich weiz wol daz ir
und iuwer lewe sît starke wunt:
lât mich iuch machen gesunt.'
Sus sprach der namelôse dô *4588*
'ichn gewinne gemach nochn wîrde
niemer mê unz ûf ten tac [vrô
daz ich wider haben mac
mîner vrouwen hulde:
der mangel ich ân schulde.'
sî sprach 'wie selten ich daz wîp, *4593*
beide ir muot und ir lîp,
iemer geprîse
(wand sî enist niht wîse)
diu einem alsô vrumen man
als iu noch hie schînet an
ir hulde iemer widerseit,
ob sî niht grôz herzeleit
ûf in ze sprechenne hât.'
er sprach 'niemer werde mîn rât,
ir wille enwære ie mîn gebot:
und gebiete ir unser herre got
daz sî mich bedenke enzît.
der kumber der mir nâhen lît, *4602*
den sag ich niemen, wizze Krist,
wan dem er doch gewizzen ist,
swie nâ er mînem herzen gê.'
sî sprach 'ist er dan iemen mê
gewizzen wan iu zwein?'
'nein ez, vrouwe,' sprach her Îwein.
sî sprach 'wan nennet ir sî doch?' *fehlt für 5491—5493*
er sprach 'vrouwe, nein ich noch:
ich muoz ir hulde ê haben baz.'
sî sprach 'nû saget mir doch daz, *4606*
wie sît ir selbe genant?'
er sprach 'ich wil sîn erkant
bî mînem lewen der mit mir vert.
mirn werde ir gnâde baz beschert,

sô wil ich mich iemer schamen
mîns lebens und mîns rehten namen:
ich wil mich niemer gevreun.
îch heize der rîter mittem leun: 4613
und swer iu vür dise tage
iht von einem rîter sage
des geverte ein lewe sî,
dâ erkennet mich bî.'
Diu vrouwe sprach 'wie mac daz [komen 4616
daz ich von iu niht hân vernomen
und daz ich iuch nie mê gesach?'
der rîter mittem lewen sprach
'daz iu von mir niht ist geseit,
daz machet mîn unwerdekheit.
ich möhte mittem muote *fehlt für*
mit lîbe und mit guote *5513—5523*
gevrumet hân diu mære
daz ich erkander wære.
wirt mîn gelücke alsô guot
sô mîn herze unt der muot,
ich weiz wol, sô gedien ich daz
daz ir mich erkennet baz.'
sî sprach 'irn sît ein bœser man
danne ich an iu gesehen han,
sô sît ir aller êren wert:
und des ich ê hân gegert, 4622
des bæt ich aber, hulfez iht.
mich dunkt, ichn überwinde niht *fehlt für*
daz laster unt tie schande, *5526—5529*
swer iuch ûz mînem lande
alsô wunden siht varn.'
er sprach 'got müeze iuch bewarn 4630
und gebe iu sælde und êre:
ichn belîbe hie niht mêre.'
Diu vrouwe aber dô sprach
'sît ir versprechet mîn gemach,
so ergib ich iuch in gotes segen: 4627
der kan iuwer baz gepflegen
und ruoche iu durch sîne güete
iuwer swærez ungemüete
vil schiere verkêren

ze vreuden unde ze êren.'
Von danne schiet er trûrec dô 4635
und sprach wider sich selben sô
'vrouwe, wie lützel dû nû weist 4632
daz tû den slüzzel selbe treist!
dû bist daz sloz und daz schrîn
dâ êre unt tiu vreude mîn
inne beslozzen lît.'
nû heter rîtennes zît:
im envolgete von dan 4639
weder wîp noch man,
niuwan eine vrou Lûnete,
diu im geselleschaft tete
sînen guoten wec hin.
dâ gelobet sî wider in
daz sî sît allez wâr liez:
mit ir triuwen si im gehiez
daz sî sîn wol gedæhte
und ez ze rede bræhte
umbe sîne swære.
getriuwe und sô gewære
was diu guote vrou Lûnete
daz sî daz willeclîchen tete.
des gnâdet er ir tûsentstunt. 4651
nû was der lewe sô starke wunt
daz er michel arbeit
ûf dem wege mit im leit.
dô er niht mêre mohte gân,
dô muoser von dem orse stân,
und las zesamne mit der hant
mies und swaz er lindes vant: 4656
daz leiter allez under in
in sînen schilt und huop in hin
ûf daz ors vür sich.
daz leben was gnuoc kumberlich.
sus leit er arbeit genuoc,
unz daz in der wec truoc 4662
dâ er eine burc sach.
dar kêrt er dô durch sîn gemach,
und vant beslozzen daz tor,
und einen knappen dâ vor. *fehlt für*
der erkande wol sîns herren muot: *5580—5590*

sîn herre was biderbe unde guot, *fehlt bis 4590*
daz wart wol an dem knappen schîn:
er hiez in willekomen sîn
ze guoter handelunge.
ouch wæn ich in betwunge
diu vil wegemüede nôt
daz er nam daz man im bôt.
man mac den gast lîhte vil
geladen der belîben wil.
im wart daz tor ûf getân: *4665*
dô sach er engegen im gân *4676*
rîter unde knehte,
die in nâch sînem rehte
enpfiengen unde gruozten
und im vil gerne buozten
kumber unde sîne nôt,
als in ir herre gebôt,
der selbe engegen ime gienc
und in vrœlîch enpfienc
und schuof im selhen gemach
daz er wol an den werken sach
daz sîn wille und sîn muot
was reine unde guot.
im wart vil harte drâte *4692*
ein heimlich kemenâte
ze sîner sunder gereit,
sîn lewe dar in zuo im geleit.
dar inne entwâfent man in,
unde sante der wirt hin
nâch zwein sînen kinden,
daz nieman mohte vinden
schœner juncvrouwen zwô:
den bevalch er in dô,
daz sî im sîne wunden
salbeten und bunden.
ouch wonte in ir gemüete
ze schœner kunst diu güete
daz sî in schier ernerten
unde sînen geverten.
hie twelter vierzehen naht, *fehlt*
unz daz er sînes lîbes maht
wol widere gewan,

ê daz er schiede von dan.
Do begunde der tôt in den tagen *4703*
einen grâven beclagen
und mit gewalte twingen
ze nôtigen dingen,
den von dem Swarzen dorne.
des was er der verlorne:
wand er muos im ze suone geben
sînen gesunt und sîn leben,
der dannoch lebendige hie
zwô schœne juncvrouwen lie.
Nû wolde diu alte *4710*
die jungen mit gewalte
von dem erbe scheiden,
daz dienen solt in beiden;
dâ zuo diu junger sprach
'swester, disen ungemach *fehlt für*
den sol dir got verbieten. *5640—5658*
ich wânde mich genieten
grœzers liebes mit dir.
swester, dû bist mir
ze ungnædiges muotes,
wil dû mich mînes guotes
und mîner êren behern.
des wil ich mich mit kampfe wern.
ichn vihte niht, ich bin ein wîp:
daz als unwerhaft ist mîn lîp,
dâne hâstû niht an:
deiswâr ich vinde wol den man
der mir durch sîne hövescheit
die gnâde niemer widerseit
ern beschirme mich vor dir.
swester, dû muost mir
mînen erbeteil lân
ode einen kempfen hân.
ich suoche den künec Artûs *4715*
und vinde ouch kempfen dâ ze hûs
der mich vor dîner hôchvart
durch sîn selbes tugent bewart.'
Diz gemarhte diu unguote
und ahte in ir muote
waz sî dar umbe tæte:

und durch ir karge ræte
sô sweic sî darzuo
und kam ze hove vor ir sô vruo
daz ir mîn her Gâwein wart. 4730
diu junger greif die nâchvart:
daz machet ir kintheit,
dazs ir ir willen hete geseit.
dô diu junger kam hin nâ,
dô vant sî die altern dâ.
diu was ir kempfen harte vrô;
doch gelobet ez her Gâwein sô
daz sîz niemen solde sagen.
nû was in den selben tagen 4740
diu küneginne wider komen,
die Meljaganz hete genomen
mit micheler manheit.
ouch was in niuwelîchen geseit 4746
von dem risen mære,
wie er erslagen wære,
den der rîter mittem lewen sluoc.
des genâdet er im gnuoc
mit worten und mit muote,
her Gâwein der guote,
wand erz durch sînen willen tete.
ouch was des rîters bete
daz manz in wizzen solde lân:
daz hete sîn niftel getân:
und dô sî imz gesagete,
wie tiure er dô clagete
daz er sîn niht erkande!
wand er sich niht ennande.
er erkand in bî dem mære, 4757
und enweste doch wer er wære.
  Dô ze hove kam diu maget,
als ich iu hân gesaget,
und einen kempfen suochte,
des niemen sî beruochte,
dô clagetes harte sêre
ir guot und ir êre:
wan an dem ir trôst lac,
der sprach 'vrouwe, ich enmac 4768
iu ze staten niht gestân,

wand ich grôz unmuoze hân
von anderen dingen:
diu muoz ich volbringen.
wæret ir mir ê komen
ê ich mich hete an genomen
ander hande arbeit,
iu wær mîn helfe gereit.'
Dô sî dâ kempfen niene vant,
dô kam sî zehant 4773
vür den künec Artûs.
sî sprach 'sît ich hie ze hûs
niht kempfen mac gewinnen,
dochn wold ich niht von hinnen
ichn næme ê urloup von iu.
ouch ensol ich von diu
mîn rehtez erbe niemen lân
daz ich hie niemen vunden hân.
mir ist sô grôziu manheit *fehlt für*
von dem rîter geseit *5725—5731*
der den lewen mit im hât:
vind ich den, sô wirt mîn rât.
tuot mîn swester wider mich
gnâde, daz ist billich:
sô mac sî mit minnen
vil wol von mir gewinnen
swaz sî des mînen ruochet,
swâ sîz ze rehte suochet:
nimt sî mir dar über iht,
dazn lâze ich âne clage niht.'
Wan diu alter weste 4790
daz sî der aller beste
von dem hove wolte wern,
do begunde sî vil tiure swern,
sin geteilte ir niemer niht mite.
dô sprach der künec 'sô ist hie site,
swer ûf den anderen clage,
daz er im wol vierzec tage 4803
kampfes müeze bîten.'
sî sprach, wold iemen strîten, 4796
daz er dâ zehant strite,
wand sîs niht langer enbite.
dô daz den künec niht dûhte guot,

dô bekêrte sî ir muot:
wand sî was des ân angest gar
daz sî iemen bræhte dar
der ir kempfen überstrite,
ob sî ir noch ein jâr bite.
nû wart der kampf gesprochen
über sehs wochen:
daz geschuof der künec Artûs.
nû nam sî urloup dâ ze hûs 4814
und bat ir got ruochen
und vuor ir kempfen suochen.
Sus reit sî verre durch diu lant, 4821
daz sî der dewederz envant,
den man noch diu mære
wâ er ze vinden wære,
und muote sî ir irrevart
daz sî dâ von siech wart.
sus kam sî nâch vrâge
zeinem ir mâge
und begund im ir geverte sagen,
ir kumber und ir siecheit clagen.
dô er ir arbeit ersach,
er behabetes dâ durch ir gemach,
unde sante, als sî in bat,
sîn selbes tohter an ir stat,
diu vür sî suochende reit
und gewannes michel arbeit.
Sus reit sî allen einen tac, 4836
daz sî geverten niene pflac,
unz daz ez an die naht gienc.
einen wec sî dô gevienc:
der truoc sî in einen walt.
diu naht wart vinster unde kalt,
ez kam ein regen unde ein wint:
ich wil geswîgen umb ein kint
daz ê nie kumber gewan:
ez wære ein wol gemuot man
erværet von der arbeit.
selhes kumbers den sî leit,
des was ir lîp sô ungewon
daz sî verzagete dâ von.
der wec wart vinster unde tief, 4847

daz sî got ane rief
daz er ir nôt bedæhte
und sî zen liuten bræhte.
und dô sî wânde sîn verlorn,
dô gehôrte sî ein horn *4861*
blâsen von verre:
des gestiurtes unser herre,
daz sî des endes kêrte
dar nâch als sî lêrte
von dem horne der schal.
hin wîste sî ein tal
des endes dâ diu burc lac.
der wahtære, der der were pflac, *4886*
der ersach sî vil drâte.
ein gast der alsô spâte *fehlt für*
und alsô müeder kumt geriten, *5806—5811*
den mac man lîhte des erbiten,
ob er niht grôze unmuoze hât,
daz er des nahtes dâ bestât.
sus beleip ouch sî mit kurzer bete.
dô man ir ze gemache tete
swaz man guotes mohte,
daz ir ze nemenne tohte,
und nâch ezzenne wart, *4898*
den wirt wundert umb ir vart,
und vrâgte sî mære
waz ir gewerp wære.
Diu juncvrouwe dô sprach *4901*
'ich suoche den ich nie gesach
und des ich niht erkenne.
ichn weiz wie ichn iu nenne:
wandern wart mir nie genant.
ern ist mir anders niht erkant
wan daz er einen lewen hât. *4904*
nune hab ich sîn deheinen rât:
man saget von im die manheit,
und sol ich mîn arbeit
iemer überwinden,
sô muoz ich in vinden.'
Der wirt sprach 'ir sît unbetrogen: *fehlt für*
ern hât iu niht von im gelogen *5831—5835*
der iu tugent von im seit,

wande mich sîn manheit
von grôzem kumber lôste.
got sant in mir ze trôste. 4909
wie gerne ich dem stîge
iemer mêre nige
der in her ze mir truoc!
wand er mir einen risen sluoc.
der hete mir mîn lant *fehlt für*
gar verwüestet und verbrant, *5841—5847*
und sluoc mir zwei mîniu kint:
und vieriu, diu noch lebende sint,
diu heter mir gevangen
und woldes hân erhangen.
ich was eht niuwan sîn spot.
dô sante mir in got,
daz er mich an im rach. 4913
er sluoc in, daz ichz ane sach,
hie vor mîn selbes bürgetor:
dâ lît noch sîn gebeine vor.
er schuof mir michel êre:
got pflege sîn swar er kêre.'
Der mære vreute sich diu maget.
sî sprach 'lieber herre, saget, 4919
dô er hie von iu ledec wart,
wizzet ir war dô sîn vart
wurde? des bewîset mich.'
er sprach 'vrouwe, nein ich,
deiswâr, und ist mir daz nû leit.
aber ûf ten wec den er dâ reit,
dar wîs ich iuch morgen vruo.
nû waz ob iu got dâ zuo
selbe sînen rât gît?'
nû was ouch slâfennes zît.
Morgen, dô ez was ertaget, 4931
dô bereite sich diu maget
nâch im ûf die strâze,
rehte nâch der mâze
dâ ir der wec gezeiget wart,
und was ouch ûf der rehten vart,
diu sî zuo dem brunnen truoc,
dâ er den truhsæzen sluoc
und sîne bruoder überwant.

liute die sî dâ vant,
die sageten ir daz
und rieten ir vürbaz,
wolde si wizzen mære
war er gekêret wære,
daz kund ir lîhte diu gesagen 4956
durch die er sî het erslagen.
sî sprach 'nû saget mir wer diu sî.'
sî sprâchen 'si ist hie nâhen bî,
ein juncvrouwe, heizt Lûnete:
diu stât an ir gebete
in der kapellen hie bî:
dar rîtet unde vrâget sî.
swes iu diu niht gesagen kan,
des bewîset iuch hie nieman.'
Dô sî sî vrâgende wart 4970
ob sî iht weste sîne vart,
dô hiez ir vrou Lûnete,
diu gerne höveschlîchen tete,
ir pfärit gewinnen.
sî sprach 'ich wil von hinnen
mit iu rîten an die stat
dar er mich mit im rîten bat,
dô er hie vür mich gestreit
unde ûz disem lande reit.'
alsus bewîste sî sî dar
und sprach 'vrouwe, nu nemet war,
an dirre stat dâ liez ich in: 4991
war ab stüende sîn sin,
des enwolder mir niht sagen.
und ein dinc wil ich gote clagen: *fehlt für*
er und sîn lewe wâren wunt *5906—5913*
sô sêre daz er zuo der stunt
mohte gevarn unverre.
daz in unser herre
vor dem tôde bewar!
ez ist an sînem lîbe gar
swaz ein rîter haben sol.
deiswâr ich gan iu beiden wol
daz ir in gesunden vindet, *5003*
wand ir danne überwindet *fehlt für*
mit im alle iuwer nôt. *5916—5923*

weizgot, vrouwe, ich wære tôt, *fehlt bis 5923*
wær er mir niht ze helfe komen:
alsus werde iu benomen
al iuwer swære.
swaz ich guoter mære
von iu vernime, des vreu ich mich.'
hie mite schieden sî sich *5008*
und diu dâ suochte, der was gâch.
der rehten strâze reit sî nâch,
unz sî die burc ane sach,
dâ im vil michel gemach
ûffe geschehen was,
wan er dâ lac unz er genas.
  Nû reit sî gegen dem bürgetor. *5013*
dâ mohte sî wol vor
von rîtern und von vrouwen
ein selch gesinde schouwen
daz wol den wirt êrte;
zuo dem sî drâte kêrte,
und vrâgete sî mære
ob in iht kunt wære
umb in den sî dâ suochte.
der wirt dô des geruochte *5015*
daz er engegen ir gienc
und sî vrœlîch enpfienc,
und bôt sî die herberge an.
sî sprach 'ich suoche einen man,
unz ich den niht vunden hân,
sô muoz ich gnâde und ruowe lân:
nâch dem wart mir gezeiget her.'
'wie ist des name?' sprach aber er. *5020*
sî sprach 'ich bin nâch im gesant,
und wart mir anders niht genant,
wan daz ein lewe mit im ist.'
er sprach 'der hât an dirre vrist
von uns hie urloup genomen,
ichn kunde in des niht überkomen *fehlt für*
daz er hie langer wolde wesen. *5954—5958*
er und sîn lewe sint wol genesen.
sî lâgen hie beide sêre wunt:
nû varent sî vrô und wol gesunt.
welt ir in schiere errîten,

sone sult ir ouch niht bîten.
setzet iuch rehte ûf sîne slâ:
und gerâtet ir im rehte nâ,
sô habt ir in vil schier erriten.' *5024*
done wart niht langer dâ gebiten:
sine mohte zeltens niht gehaben,
si begunde schiuften unde draben,
unz daz sî in ane sach.
sô liebe als ir dar an geschach, *fehlt für*
als liebe müeze uns noch geschehen, *5968—5970*
daz wir uns alse liebe gesehen.
  Si gedâhte in ir muote
'rîcher got der guote, *5042*
wie sol ez mir nû ergân,
sît ich den man vunden hân?
nû hân ich michel arbeit
an diz suochen geleit:
ich gedâhte ê niuwan dar an,
ob ich vunde disen man,
wie sælec ich danne wære,
und daz ich mîne swære
gar hete überwunden.
nû hân ich in vunden:
alrêst gât mir angest zuo,
wie er wider mich getuo.
ob er mir helfe widerseit,
waz tuoc dan mîn arbeit?'
disen segen tete sî vür sich
'herre got, nû lêre mich
die rede der ich genieze,
daz in mîn iht verdrieze
und daz er mich niht entwer.
ob mir verliuset des ich ger
mîn ungelücke ode sîn zorn,
sô hân ich mîn vinden verlorn. *5049*
got gebe mir sælde unde sin.'
zehant reit sî eneben in.
sî sprach 'got grüeze iuch, herre. *5049*
ich hân iuch harte verre
ûf gnâde gesuochet:
got gebe daz irs geruochet.'
er sprach 'ichn habe gnâden niht: *fehlt für*
6001—6015

swem mîns dienstes nôt geschiht *fehlt bis 6015*
und swer guoter des gert,
dern wirt es niemer entwert.'
wand er ir daz wol an sach
daz sî nâch im ungemach
ûf der verte hete erliten,
do begunde ouch er ir heiles biten.
er sprach 'vrouwe, mir ist leit
al iuwer arbeit:
und swâ ich die erwenden kan,
dâne wirret iu niht an.'
  Dô neic sî im unde gote
und bôt sich ime ze gebote
und gnâdet im vil verre.
sî sprach 'lieber herre,
diu bete enist niht umbe mich: *5071*
si ist verre werder danne ich
diu mich nâch iu gesendet hât.
ich sag iu wie ez umb sî stât.
sî lîdet von gewalte nôt.
ir vater ist niuwelîchen tôt,
und wil si ir swester enterben *5079*
und dâ von verderben
daz sî ein lützel alter ist.
des hât sî kûme gewunnen vrist: *fehlt für 6026—6029*
über sehstehalbe wochen
sô ist ein kampf gesprochen
zwischen in beiden:
sô wil sî sî scheiden
von ir erbeteile,
ezn stê dan an ir heile
daz sî den kempfen bringe dar
der sî gewaltes bewar.
nû hât sî des bewîset
diu werlt, diu iuch prîset,
daz si iuch ze trôste hât erkorn;
unde enhât daz niht verborn
durch hôchvart noch durch trâkheit
daz sî niht selbe nâch iu reit: *(5087)*
sî was ûf ten wec komen:
êhaftiu nôt hât irz benomen,
wan sî leider ûf der vart

von der reise siech wart, *fehlt bis 6029*
unde ist alsô under wegen
zuo mînem vater belegen.
der sante mich her an ir stat:
nû bit ich iuch als sî mich bat.
sî hiez mich iuch, herre, *fehlt für*
manen harte verre. *6049—6070*
sît daz iuch got sô gêret hât
daz alsô gar ze prîse stât
vür manegen rîter iuwer lîp,
sô êret got und diu wîp:
sô sît ir hövesch unde wîs.
nû geruochet iuwern prîs
an iu beiden mêren,
den iuwern an den êren
und den ir an dem guote.
swes iu nû sî ze muote
des bewîset mich bî gote.'
er sprach 'dâne hât sich der bote
niht versûmet umb ein hâr.
der alte spruch der ist wâr:
swer guoten boten sendet,
sînen vrumen er endet.
ich kiuse bî dem boten wol
wie man die vrouwen weren sol.
ich tuon vil gerne swes sî gert,
sô verre mich der lîp gewert.
nû rîtet vür und wîset mich: *5098*
swar ir mich wîset, dar var ich.'
Sus wart der bote enpfangen,
und was vil gar zergangen
ir zwîvellîchiu swære.
vil manec wehselmære *5107*
sagetens ûf ter heide:
sus vertriben sî beide
mit niuwen mæren den tac.
nû sâhen sî wâ vor in lac *5112*
ein burc ûf ter strâze,
den liuten wol ze mâze *fehlt für*
die herbergen solden, *6082—6093*
als ouch sî gerne wolden.
Diu burc stuont besunder,

und ein market darunder: *fehlt bis 6093*
dâ kâmen sî in geriten.
do enpfiengen sî mit unsiten
alle die in den strâzen
stuonden unde sâzen.
sî möhten wol erschricken
von ir twerhen blicken.
sî kêrten in den rücke zuo,
sî sprâchen 'ir kumt her ze vruo: *5114*
man hete iuwer hie wol rât.
und westet ir wiez hie stât,
ir wæret vür gekêret.
ir werdet hie lützel gêret.
wem sît ir hie willekomen, *fehlt für 6099—6109*
od waz hât ir iuch an genomen
mit iuwer reise dâ her?
nû wer ist hie der iuwer ger?
ir wæret anderswâ baz.
iuch hât rehte gotes haz
dâ her gesendet beide
zallem iuwerm leide.
ir sît uns unwillekomen.'
dô sî diz heten vernomen,
dô sprach der rîter mittem leun
'waz touc diz schelten unde dreun, *5119*
ode war an verschult ich daz?
verdient ich ie iuwern haz,
daz ist unwizzende geschehen. *fehlt für 6113—6129*
unde wil iu des bejehen
bî der rehten wârheit:
ichn kam nie her durch iuwer leit:
mac ich, ich scheide von hinnen
mit iuwer aller minnen.
aller liute beste,
enpfâhet ir iuwer geste
alle sament alse mich,
daz ist untrœstlich
einem her komen man
der iuwer niht gerâten kan.'
Nu gehôrte ein vrouwe disen zorn:
diu was ûz der stat geborn,
vür die sîn strâze rehte gienc,

als er den burcwec gevienc.
diu wincte im von verre.
sî sprach ‘lieber herre, 5142
die rede die man hie tuot,
die tuot man niuwan durch guot.
niene zürnet sô sêre.
sî riuwet iuwer êre
und diz rîterlîche wîp.
ir müezet verliesen den lîp
(daz enkunnt ir niemer bewarn),
welt ir ûf die burc varn.
jane redent siz durch deheinen haz,
wan dazs iu des gunden baz
daz ir dise burc mitet
unde noch vürbaz ritet.
wand uns ist ein gebot gegeben
über guot und über leben,
daz sich hie vor wîp noch man
neme deheinen gast an
ûzerhalp dem bürgetor:
hien herberget nieman vor.
got sol iuch darvor bewarn:
ich weiz wol, sult ir volvarn,
daz ez iu an den lîp gât.
erwindet noch, daz ist mîn rât,
unde rîtet vürbaz.’
er sprach ‘mich hulfe lîhte daz, 5163
volget ich iuwerm râte:
nû ist ez aber ze spâte.
war möht ich nû gerîten?
ich muoz des tages hie bîten.’
Sî sprach ‘mües ich iuch danne sehen, 5171
leider des niht mac geschehen,
her wider ûz kêren
nâch iuwern êren,
sô helf mir got, des vreut ich mich.’
alsus reit er vür sich,
unz in der torwarte ersach.
der winct im dar unde sprach 5180
‘wol her, rîter, wol her!
wand ich iuch des zewâre gewer

daz man iuch hie vil gerne siht:
ezn hilfet iuch aber niht.'
Nâch disem antfange
sûmdern unlange,
ern tæt im ûf die porte.
mit manegem drôworte
enpfie'n der portenære:
daz was im unmære.
er sach in schalclichen an *fehlt für*
als ein ungetriuwer man: *6177—6182*
er sprach 'ich hân daz wol bedâht
daz ich iuch hân her in brâht:
ahtet selbe umb die ûzvart.'
nâch im wart daz tor bespart.
Ern ruochte waz er im sprach, *5188*
dô er deheine vreise sach
weder in der burc noch darvor.
nû sach er innerhalp dem tor
ein wîtez wercgadem stân:
daz was gestalt und getân
als armer liute gemach;
dar in er durch ein venster sach
würken wol driu hundert wîp. 5194
den wâren cleider untter lîp
vil armeclichen gestalt:
irn was iedoch deheiniu alt.
die armen heten ouch den sin
daz gnuoge worhten under in
swaz iemen würken solde
von sîden und von golde.
genuoge worhten an der rame: *fehlt für*
der werc was aber âne schame. *6199—6208*
und die des niene kunden,
die lâsen, dise wunden,
disiu blou, disiu dahs,
disiu hachelte vlahs,
dise spunnen, dise nâten;
und wâren doch unberâten:
in galt ir arbeit niht mê
wan daz in zallen zîten wê
von hunger und von durste was *5205*
und daz in kûme genas

der lîp der in doch nâch gesweich.
sî wâren mager unde bleich, *5204*
sî liten grôzen unrât
an dem lîbe und an der wât.
ez wâren bî ir viure *fehlt für 6215—6220*
under wîlen tiure
daz vleisch zuo den vischen.
sî muose verwischen
wirtschaft und êre:
sî rungen mit sêre.
   Ouch wurden sî sîn gewar. *5206*
wârens ê riuwevar,
ir leides wart nû michels mê.
in tete diu schame alsô wê
daz in die arme enpfielen,
wan in die trähene wielen
von den ougen ûf die wât.
daz ir grôzen unrât
iemen vremder hete gesehen,
dâ was in leide an geschehen.
in viel daz houbet zetal,
und sî vergâzen über al
des werkes in den henden.
von den ellenden
wolt er den portenære
gerne vrâgen mære,
wand er dâ niemen andern sach:
der schalc dô schalclichen sprach.
dô er engegen dem tor gienc, *5214*
der schalc in schalclichen enpfienc:
er sprach ûz schalkes munde
so er schalclîchest kunde.
'her gast, ir woldet vür daz tor. *5216*
niht: dâ ist ein nagel vor.
ez ist iu anders undersehen:
iu sol hie iuwer reht geschehen,
ê iu diu porte werde enspart.
man muoz iuch ziuwer ûzvart
anders beleiten:
man sol iuch ê bereiten
maneger unêren:
man sol iuch hie lêren *fehlt für 6252—6265*

dise hovezuht baz. *fehlt bis 6265*
wie gar iuwer got vergaz,
daz ich iuch brâhte dâ her in!
ir scheidet mit unêren hin.'
Dô sprach der rîter mittem leun
'ir muget mir harte vil gedreun:
michn bestê ein grœzer nôt,
deiswâr so gelige ich niemer tôt.
wan besliuzestû vaste dîn tôr?
zewâre, und wære ich dâ vor,
ich wolde doch her wider in.
daz ich zuo dir gegangen bin,
daz ist durch vrâgen getân.
vriunt, dû solt mich wizzen lân, *5225*
wie stâtz um disiu armen wîp?
in sint die site und der lîp
gestalt vil wol diu gelîch,
wæren sî vrô und rîch,
sî wæren harte wol getân.'
der vrâge hiez er sich erlân,
er sprach 'ich sag iu ein bast. *5237*
wænet ir niht, her gast,
daz mich iht betrâge
iuwer müezegen vrâge?
ir verlieset michel arbeit.'
der rîter sprach 'daz ist mir leit'
und gie lachende dan, *fehlt für 6279—6282*
als der sich mittem bœsen man
mit worten niht beheften wil:
er hete sîn rede vür ein spil.
Er ersuochte want und want, *5240*
unz er die hûstüre vant,
unde gienc zuo in dar in.
swie gar von armuot ir sin *fehlt für 6286—6299*
wære beswæret,
doch wârens unerværet,
im enwürde al umb genigen,
unde liezen ir werc ligen
die wîle daz er bî in saz:
ir zuht von art gebôt in daz.
ouch nam er war daz lützel hie
überiger rede ergie,

der doch gerne vil geschiht *fehlt bis 6299*
dâ man vil wîbe ensament siht:
wan dâ wonte in armuot
bescheiden wille unde guot.
sî wurden dicke schamerôt,
dô er in sînen dienest bôt, *5243*
diu ougen trüebe unde naz,
die wîler under in saz.
ouch muot in sêre ir arbeit.
er sprach ‘enwærez iu niht leit, *5247*
sô het ich gerne vrâge
iuwer ahte und der mâge.
ist iuch disiu armuot an geborn, *fehlt für*
sô hân ich mînen wân verlorn. *6307—6318*
ich sihe wol daz iu wê tuot
diu schame der selben armuot,
und versihe michs dâ von:
swer ir von kinde ist gewon,
dern schamt sich ir sô sêre niht
als man hie an iu gesiht.
nune saget mir minre noch mê
wan rehte wiez dar umbe stê.
weder hât iu diz leben
geburt od unheil gegeben?’
Diz was der einer antwurt *5250*
‘unser leben und unser geburt
diu suln wir iu vil gerne sagen,
gote und guoten liuten clagen
wie uns grôz êre ist benomen
und sîn in disen kumber komen.
herre, ez ist unser lant
der Juncvrouwen wert genant *5257*
und lît von hinnen verre.
des selben landes herre
gewan den muot daz er reit
niuwan von sîner kintheit
suochen âventiure:
und von des weges stiure
leider uns sô kam er
rehte alsam ouch ir dâ her,
und geschach im als ouch iu ge- *5266*
[schiht.

wan dâne ist widerrede niht 5333
irn müezet morgen vehten
mit zwein des tiuvels knehten.
die sint alsô manhaft, *fehlt für*
und hetet ir sehs manne kraft, *6339—6346*
daz wære ein wint wider in.
got eine mac iu helfen hin,
ob er imz enblanden wil:
wand im ist nihtes ze vil:
ezn kan ouch âne in niht geschehen.
wir müezen morgen an iu sehen
den jâmer unz an dise vrist 5329
an manegem hie geschehen ist.
Sus kam mîn herre her geriten 5270
und solde mit in hân gestriten.
sîn wille unde sîn muot
was gereit unde guot:
done was sîn alter vür wâr
niuwan ahtzehen jâr, 5276
und was des lîbes alsô kranc
daz er des siges âne danc
und ungestriten muose jehen,
und wær dâ tôter gesehen,
wan daz er sich von disen
unsæligen risen
lôste als ich iu wil sagen.
sî heten in anders erslagen,
wan daz er in über den eit
gap gîsel unde sicherheit
daz er in zinsete sîn leben.
er muoz in älliu jâr geben
drîzec mâgede dâ her 5283
die wîle sî lebent und er.
und gesigete abe dehein man
iemer disen beiden an,
sô wæren wir aber erlôst.
diu rede ist leider âne trôst:
wan zuo aller ir kraft
sô sint sî alze manhaft
daz in iemer dehein man
den sige müge behaben an.
Wir sîn die selben zinsgeben

und hân ein kumberlîchez leben.
wir leiten riuweclîche jugent:
wan sî sint ân alle tugent
den wir dâ sîn undertân:
sine kunnen uns niht geniezen lân
aller unser arbeit.
swaz uns vür wirt geleit,
daz müeze wir allez lîden.
von golde und von sîden 5298
würken wir die besten wât
die iemen in der werlte hât:
nû waz hilfet uns daz?
wirne leben niht deste baz.
wir müezenz starke enblanden
den armen unde den handen,
ê wir sô vil erwerben
daz wir niht hungers sterben.
man lônet uns als ich iu sage:
nû sprechet wer von dem bejage
rîche wesen kunde.
man gît uns von dem pfunde 5308
niuwan vier pfenninge.
der lôn ist alze ringe
vür spîse und vür cleider:
des sîn wir ouch der beider
vil rehte dürftiginne.
von unserme gewinne
sô sint sî worden rîche,
und leben wir jæmerlîche.'
Nu erbarmet in ir ungemach:
er siufte sêre unde sprach
'nû sî got der süeze 5338
der iu vrouwen büeze
iuwer unwerdez leben,
und ruoche iu sælde und êre geben.
mir ist iuwer kumber leit:
und wizzet mit der wârheit,
sô sêre erbarmet ir mich,
ich benæmen iu gerne, möht ich.
ich wil gân unz ich vinde
des hûses ingesinde,
wie daz gebâre wider mich.

diu rede ist nie sô angestlich,
und wil mir got genædec wesen,
sô trûwe ich harte wol genesen.'
alsus bat er ir got pflegen:
ouch gâben si im vil manegen segen.
Sus begunder suochende gân *5347*
und sach ein schœne palas stân:
dar ûf gienc er schouwen
mit sîner juncvrouwen,
und envant dar ûffe wîp noch man.
nû volget er einem wanke dan,
der in einen wec leite
über des palas breite:
wan dô het erz ersuochet gar.
nû nam er einer stiege war:
diu selbe stiege wîst in
in einen boumgarten hin: *5351*
der was sô breit und sô wît
daz er vordes noch sît
deheinen schœnern nie gesach.
dar in hete sich durch gemach
ein altherre geleit:
dem was ein bette gereit,
des wære gewesen vrô *fehlt für*
diu gotinne Jûnô, *6443—6448*
do si in ir besten werde was.
diu schœne bluot, daz reine gras,
die bâren im vil süezen smac.
der herre hêrlichen lac.
er hete ein schœnen alten lîp:
und wæne wol, sî was sîn wîp, *5361*
ein vrouwe diu dâ vor im saz.
sine mohten beidiu niht baz
nâch sô alten jâren
getân sîn noch gebâren.
und vor in beiden saz ein maget, *5365*
diu vil wol, ist mir gesaget,
wälhisch lesen kunde:
diu kurzte in die stunde.
ouch mohte sî ein lachen
vil lîhte an in gemachen:
ez dûhte sî guot swaz sî las,

wand sî ir beider tohter was.
ez ist reht daz man sî krœne,
diu zuht unde schœne,
hôhe geburt unde jugent,
rîcheit unde kiusche tugent,
güete und wîse rede hât.
diz was an ir, und gar der rât
des der wunsch an wîbe gert.
ir lesen was eht dâ vil wert.
Dô sî den gast ersâhen,
dô begundens gâhen, *5400*
diu vrouwe unde der herre,
engegen im gnuoc verre
unde enpfiengen in alsô wol
als ein wirt den gast sol,
der im willekomen ist.
dar nâch het in in kurzer vrist 5414
entwâfent diu junge.
sô guoter handelunge
was gnuoc einem ellenden man.
dar nâch gap sî im an
wîze lînwât reine,
geridiert harte cleine,
und ein samîtes mantellîn:
dar under was härmîn,
als ez ob hemde wol stât.
des rockes heter wol rât, *fehlt für*
wand ez ein warmer âbent was. *6488—6541*
an ein daz schœneste gras
daz sî in dem boumgarten vant,
dar vuorte sî in bî der hant,
und sâzen zuo ein ander.
alrêrst dô bevander
daz bî ir wünneclîcher jugent
wonte güete und michel tugent.
er jach daz man an kinde
niemer mêre vinde
süezer wort noch rehter site:
sî mohte nâch betwingen mite
eines engels gedanc,
daz er vil lîhte einen wanc
durch sî von himele tæte;

wand sî sîn selbes stæte *fehlt bis 6541*
einen selhen minnen slac sluoc,
die er in sînem herzen truoc,
möht die ûz sînem gemüete
deheines wîbes güete
iemer benomen hân,
daz hete ouch sî benamen getân.
und het er sî nie gesehen,
sô wær im verre baz geschehen:
wand im tete daz scheiden wê.
ern erkunte sît noch ê
âne sîn selbes wîp
nie süezer rede noch schœnern lîp.

Dô sich die viere
gesunderten sô schiere,
dô mohtens under in beiden
gelîche sîn gescheiden
des muotes sam der jâre.
ich versihe mich wol zewâre,
ir herze wâren mislich.
diu zwei jungen senten sich
vil tougen in ir sinne
nâch redelîcher minne,
unde vreuten sich ir jugent,
und redten von des sumers tugent
und wie sî beidiu wolden,
ob sî leben solden,
guoter vreude walten.
dô redten aber die alten,
sî wæren beidiu samet alt
und der winter wurde lîhte kalt:
sô soldens sich behüeten
mit rûhen vuhshüeten
vor dem houbetvroste.
sus schuofen sî ir koste
ze gevüere und ze gemache:
sî ahten ir sache
nâch dem hûsrâte.
nû was ez ouch alsô spâte
daz in ein bote seite
daz ezzen wære gereite.

Nû giengen sî ouch ezzen, *5438*

und enwart des niht vergezzen,
sî enbuten dem gaste
vollecîchen vaste
alsô grôze êre
daz ez nie wirt mêre
sînem gaste baz erbôt.
des was er wert und was im nôt.
dâ was mit vollecîcher kraft
wirde unde wirtschaft.
Dar under gedâhter iedoch *fehlt für*
'ez vert allez wol noch: *6555—6568*
nû vürht ich aber vil sêre
daz ich dise grôze êre
vil tiure gelten müeze
(der antfanc ist ze süeze),
als mir der arge schalc gehiez
der mich in die burc liez,
des wirtes portenære,
unde ouch nâch dem mære
als mir die vrouwen hânt gesaget.
gehabe dich wol, wis unverzaget:
dir geschiht daz dir geschehen sol,
und anders niht, daz weiz ich wol.'
Dô sî vol gâzen
unde unlange gesâzen,
dô bette man in, *5443*
den gesellen allen drin,
durch ir gemach besunder.
swer daz nû vür ein wunder *fehlt für*
ime selbem saget *6574—6586*
daz im ein unsippiu maget
nahtes alsô nâhen lac
mit der er anders niht enpflac,
dern weiz niht daz ein biderbe man
sich alles des enthalten kan
des er sich enthalten wil.
weizgot dern ist aber niht vil.
diu naht gienc mit senften hin.
got der müeze vüegen in
des morgens bezzer mære
danne er getrœstet wære.
Morgen, dô ez tac wart *5448*

unde er sîne êrste vart
dem heiligen geiste
mit einer messe leiste,
dô wolder urloup hân genomen.
dô sprach der wirt ‘die her sint komen
unde rîter wâren als ir,
die habent alle sament mir
geleistet mîn gewonheit;
daz in nâch grôzer arbeit
aller oftest ergie.
zwêne risen die sint hie: *5471*
desn ist dehein mîn gast erlân
erne müese sî bestân;
daz sî noch nieman überwant!
und ist iedoch alsô gewant:
wære dehein sô sælec man
der in beiden gesigete an,
dem müese ich mîne tohter geben. *5476*
und solde mich der überleben,
der gewünne michel êre
(ichn hân niht kindes mêre)
und wurd im allez diz lant.
ouch ist ez leider sô gewant:
unz sî unüberwunden sint, *5502*
sône mac ich mîn kint
deheinem manne gegeben.
wâget, rîter, daz leben. *fehlt für 6614—6621*
nû ist iu lîhte guotes nôt:
werdet rîche, od liget tôt.
waz ob iu sol gevallen
der prîs vor in allen?
ja gelinget einem ofte an zwein.’
des antwurte im her Îwein
diu gelîche als er wær verzaget
‘iuwer tohter ist ein schœniu maget *5484*
unde ist edel unde rîch:
sone bin ich niender dem gelîch
daz ich ir möhte gezemen.
ein vrouwe sol einen herren nemen:
ouch vind ich ein wîp wol, *fehlt für 6627—6629*
swenn ich wîp nemen sol,
dâ mir mîn mâze an geschiht.

ichn ger iuwer tohter niht. 5479
ouch enwil ich niemer mînen lîp *fehlt für*
gewâgen umbe dehein wîp *6631—6638*
sô gar ûz der mâze
daz ich mich slahen lâze
sô lasterlîchen âne wer:
wan zwêne sint iemer eines her.
sold ich joch einen bestân,
dâ müese ich angest zuo hân.'
Dô sprach der wirt 'ir sît verzaget.
daz ir mir iuwer krankheit saget,
ich weiz wol wâ von daz geschiht. 5494
irn wert iuch mîner tohter niht,
niuwan durch iuwern zagen muot.
nû vehtent: daz ist alsô guot: 5499
wanz ensî daz diu wer iuch ner,
sî slahent iuch âne wer.'
Dô sprach der gast 'daz ist ein
herre, daz man iuwer brôt [nôt,
mit dem lîbe zinsen sol.
nû kumt mir daz alsô wol
daz ich enzît strîte
sô daz ich iemer bîte,
sît mir ze strîtenne geschiht.'
nûne sûmder sich niht
erne wâfente sich zehant, 5570
und nâch dem orse wart gesant. 5572
daz was die naht sô wol bewart 5358
daz ez nie bî im enwart *fehlt für*
gekunrieret alsô schône. *6658—6671*
daz ims doch got niht lône
der daz sô vlîzeclîchen tete!
wand ez was ân des gastes bete.
der dinge verkêret sich vil,
daz einer dem andern schaden wil
und daz er im vil gar gevrumt:
swelch dienest sô ze staten kumt
daz er im liep unde guot
sô wider sînen willen tuot,
des lôn wirt von rehte kranc.
ern darf im niemer gesagen danc
umb sînes rosses gemach,

wand ez im ûf den wân geschach 5355
daz ez in dâ solde bestân:
und ist daz sî betrouc ir wân,
deiswâr, dazn wirt mir niemer leit.
nû was der gast wol bereit:
ouch kâmen die risen mit wer, 5512
sî mohten ervürhten wol ein her.
sî wâren gewâfent sêre
sô daz an in niht mêre
blôzes wan daz houbet schein,
und die arme unt tiu bein.
die kolben die sî truogen,
swelhes endes sî die sluogen,
dane mohte niht vor bestân,
und heten ouch grôzen mort getân.
und als sî den grôzen leun 5536
mit sînen wîten keun
bî sînem herren sâhen stân
und mit sînen langen clân
die erde kratzen vaste,
dô sprâchen sî zem gaste
'herre, waz wil dirre leu?
uns dunket daz er uns dreu
mit sînem zornigen site.
jane vihtet iu hie niemen mite,
der lewe enwerde in getân.
sold er uns mit iu bestân,
sô wæren zwêne wider zwein.' 5560
dô sprach mîn her Îwein
'mîn lewe vert mit mir durch daz [jâr:
ich enheize in vür wâr
niemer von mir gân
und sihe in gerne bî mir stân. 5549
ichn vüer in durch deheinen strît:
sît ab ir mir erbolgen sît,
von swem iu leide mac geschehen,
daz wil ich harte gerne sehen,
von manne ode von tiere.'
do bewâgen sî sich schiere,
sin gevæhten niemer wider in,
ern tæte sînen lewen hin.
dô muoser sînen lewen lân:

der wart dâ in ein gadem getân, 5569
dâ er wol durch die want sach *fehlt für*
den strît der in dem hove geschach. *6715—6716*
Die zwêne ungevüegen man 5574
die huoben in den strît an.
got müeze des gastes pflegen:
wan der strît was ungewegen:
ern bestuont nie sô grôze nôt.
den schilt den er vür bôt, 5583
der wart schiere zeslagen.
ern mohte niht an getragen
daz im wol geschirmen möhte
und vür die kolben töhte.
man sach den helm rîsen
und ander sîn îsen
als ez von strô wære geworht.
den edeln rîter unervorht
vriste sîn manheit und sîn sin
daz er sô lange vor in
unerslagen werte:
ouch galt er mittem swerte
under wîlen einen slac
der vil wol ze staten lac.
Dô dise slege herte 5606
der lewe sîn geverte
beide gehôrte unde gesach,
dô muot in sîn ungemach.
dône vant er loch noch tür
dâ er kæme hin vür,
und suochte al umbe unz er vant
bî der erde an der want
eine vûle swelle. 5611
der getriuwe hergeselle
der kratzet unde beiz dan
holz und erde unz er gewan
ein gerûme ûzvart,
diu vil harte drâte wart
ir einem ze leide.
got velle sî beide! *fehlt für*
sînes herren arbeit, *6752—6755*
die er ie durch in geleit,
der lônet er im dâ.

er begunde sîne scharfen clâ
in sînen rücke heften
und warf in mit kreften *5634*
rückelingen under sich.
über den gienc der gerich,
wand er in beiz unde brach
swâ er in blôzen sach,
unz er nâch helfe schrê.
done twelte sîn geselle niht mê, *5642*
wan er geloupte sich des man
und lief den lewen drâte an,
und wolt in gerne hân erslagen,
hetz im sîn herre vertragen:
sît er in ê erlôste,
kam er im nû ze trôste:
deiswâr, des heter michel reht.
als schiere so im des tiuvels kneht *5650*
sînen rücke kêrte,
daz in got sô gêrte,
dô sluoc er in kurzen stunden
im vil manege wunden:
in die arme und in diu bein
und swâ er ungewâfent schein,
dâ gap er im vil manegen slac.
wan jener der dâ nider lac,
dern moht im niht ze staten komen:
wand im hete der lewe benomen
sô gar die kraft untten sin
daz er vür tôt lac vor in. *5672*
dô vâhten sî in dô an,
beide der lewe untter man,
und heten in vil schier erslagen,
und doch unglîch einem zagen:
wander gap in manegen herten [streich,
sît daz im diu helfe entweich.
der ander lebete dannoch:
der muose sich im iedoch
gar in sîn genâde geben:
dô liez er in durch got leben.
daz sich des portenæres drô *fehlt für*
unde sîn spot alsô *6795—6799*

ze vreuden hât gekêret,
des sî got iemer gêret.
Dô er den sige dâ gewan,
dô bôt in der wirt an 5698
sîne tohter und sîn lant.
er sprach 'wære iu daz erkant fehlt für
wie gar mîne sinne 6802—6811
eins andern wîbes minne
in ir gewalt gewunnen hât,
sô hetent ir des gerne rât
daz ich iemer wurde ir man,
wand ich niemer werden kan
stæte deheinem wîbe
wan ir einer lîbe
durch die mîn herze vreude enbirt.'
'ir müezt sî nemen,' sprach ter wirt,
'ode ir sît gevangen; 5741
und wære iu wol ergangen
daz ich ir iu sô willec bin.
hetet ir sælde unde sin,
sô bætet ir mich des ich iuch bite.'
er sprach 'jâ wæret ir dâ mite fehlt für
beswichen, daz wil ich iu sagen, 6818—6827
wand ich nû in disen tagen
einen kampf muoz bestân,
den ich alsô genomen hân
daz in der künec Artûs muoz sehen:
er sol in sînem hove geschehen.
wurde sî danne mîn wîp
und verlür ich dâ den lîp,
sô wære sî gunêret.'
der wirt sprach 'swar ir kêret, 5769
daz ist mir gar unmære,
und muoz mir wesen swære
daz ichs iuch ie an gebôt,
wan ich ir iuch unz an mînen tôt
harte gar erlâzen sol.'
der gast vertruoc den zorn wol.
Er sprach 'lieber herre,
nû man ich iuch vil verre,
bedenket iuwer hêrschaft,
daz iuwer gelübede habe kraft.

sît ich hie gesiget hân,
sô sult ir iuwer gevangen lân *5708*
alle ledec durch mich.'
der wirt sprach 'daz ist billich'
und liez sî ûz den banden sâ, *5713*
und behabte den gast bî im dâ *fehlt für*
unz an den sibenden tac, *6844—6854*
daz man ir dô vil schône pflac
und sî vil rîche cleite
unde pfärit bereite,
diu sî wol mohten rîten.
in den sô kurzen zîten
gewunnen sî wider den lîp
unde wurden diu schœnsten wîp
diu er ie mê gesach.
daz schuof in daz kurze gemach.
Dô reit er mit in von dan *5771*
und brâhtes als ein hövesch man
vil rehte an ir gewarheit.
und dô er wider von in reit, *5799*
vil tiure sî got bâten,
als sî von rehte tâten,
umbe ir herrn und umbe ir trôst,
der sî dâ hâte erlôst
von michelme sêre,
daz er im sælde und êre
und rehtes alters ein leben
und sîn rîche müese geben.
Nû wer mohte im gedreun, *fehlt für*
dô er gesunden sînen leun *6867—6869*
von dem strîte brâhte?
dar er dâ vor gedâhte,
dar kêrter nû zehant,
dâ er die juncvrouwen vant,
die ir niftel siech liez,
der er den kampf vür sî gehiez:
diu wîste in die vil rehten wege, *5815*
und vundens in ir vater pflege.
nu entwelten sî niht langer dâ:
wan in was diu kampfzît alsô nâ
daz in der tage zuo ir vart
deweder gebrast noch über wart,

und kâmen ze rehten zîten.
ir swester, ir widerstrîten, *5845*
vundens an der kampfstat.
her Gâwein, der sich helen bat, *5874*
der hete sich selben sô verholn
und hete sich vor enwec gestoln,
und hôrten in des alle jehen, *fehlt für*
ern möhte den kampf niht gesehen *6887—6889*
von ander unmüezekheit.
alsô heter sich entseit,
und hete sich wider gestolen dar *5880*
mit vremden wâfen alsô var
daz in dâ niemen ân die maget
erkande: der het erz gesaget.
Nû saz dâ der künec Artûs
unde von sînem hûs
sîn massenîe gar,
die gerne wolden nemen war
wie dâ wurde gestriten.
nû kam ouch dort zuo geriten *5920*
diu juncvrouwe und her Îwein.
der lewe envuor niht mit in zwein
(den heter under wegen lân:
ern wolt in niht zem kampfe hân),
und enwas ouch niemen dâ erkant
wie der rîter wære genant.
nû riten si beide in einen rinc.
ez dûht si alle sament ein dinc. *fehlt für*
vil harte clagebære, *6908—6923*
ob es niht rât wære
ir einer enwurde dâ erslagen:
den müese man wol iemer clagen;
wand sî nie gesâhen,
des sî alle jâhen,
zwêne rîter gestalt
sô gar in Wunsches gewalt
an dem lîbe und an den siten;
und begunden den künec biten
daz er die altern bæte
daz sîz durch got tæte
und der jungern teilte mite.
des verzêch sî im mit selhem site

daz er die bete muose lân.
sî wolde daz gewis hân,
ir kempfe wurde sigehaft,
wande sî wol sîne kraft
erkande und sich des trôste
daz er sî gar erlôste.
Dô der künec Artûs ersach
daz ez niemen an die suone sprach,
dô hiez er rûmen den rinc. *(5992)*
nû was ez doch ein starkez dinc *fehlt für*
ze sehenne ein vehten *6932—6983*
von zwein sô guoten knehten:
wanz entuot dem biderben man niht wol,
der des andern tôt sehen sol,
daz doch dem einem wæge was,
ob joch der ander genas.
Machte ich diz vehten
von disen guoten knehten
mit worten nû vil spæhe,
waz töhte diu wæhe?
wand iu ist ê sô vil geseit
von ietweders manheit
daz ich iu lîhte mac gesagen
daz sî niender zwein zagen
des tages gelîch gebârten
und daz als ê bewârten
daz diu werlt nie gewan
zwêne strîtiger man
nâch werltlîchem lône.
des truogens ouch die krône
rîterlîcher êren,
die ietweder wolde mêren
mit dem andern an dem tage,
daz ich ez gote tiure clage
daz die besten gesellen
ein ander kempfen wellen
die iender lebeten bî der zît.
sweder nû tôt gelît
von des anderen hant,
und im dâ nâch wirt erkant
wen er hât erslagen,

daz wirt sîn êwigez clagen. *fehlt bis 6983*
möhten sî nû beide gesigen
od beide sigelôs geligen
ode abe unverwâzen
den strît beide lâzen,
so si sæh erkennent beide,
daz wicr in vür die leide
daz liebest und daz beste.
jane wâren sî niht geste
des willen, sam der ougen.
ir ietwederm was tougen
daz in kempfen solde ein man
der liebest den er ie gewan.
Sît daz der kampf wesen sol,
sô zimt in daz beiden wol
daz sî enzît strîten.
wes mugen si iemer bîten?
dâ ist diu state unde der muot.
ouch wâren diu ors alsô guot
daz sî daz niht ensûmde.
ir ietweder rûmde *6106*
dem andern sînen puneiz
von im vaste unz an den kreiz:
der was wol rosseloufes wît.
ze orse huop sich der strît.
Sî mohten wol strîten, *fehlt für*
wand sîs ze den zîten *6989—7011*
niht êrste begunden.
wie wol sî strîten kunden
ze orse und ze vuoze!
ez was ir unmuoze
von kinde gewesen ie:
daz erzeicten sî wol hie.
ouch sî iu daz vür wâr geseit:
ez lêret diu gewonheit
einen zagehaften man
daz er getar unde kan
baz vehten danne ein küener degen
der es ê niht hât gepflegen.
dô was hie kunst unde kraft:
sî mohten von rîterschaft
schuole gehabet hân.

zewâre man muose in lân fehlt bis 7011
von rîterschefte den strît,
swaz rîter lebete bî der zît.
nune sûmden sîz niht mêre:
diu ors wurden sêre
mit den sporn genomen.
man sach sî dort zesamne komen 5998
und vîentlîchen gebâren,
die doch gesellen wâren.
Ez dunket die andern unde mich 6021
vil lîhte unmügelich
daz iemer minne unde haz
alsô besitzen ein vaz
daz minne bî hazze
belîbe in einem vazze.
ob minne unde haz
nie mê besâzen ein vaz,
doch wonte in disem vazze
minne bî hazze
alsô daz minne noch haz
gerûmden gâhes daz vaz.
'Ich wæne, vriunt Hartman, fehlt für
dû missedenkest dar an. 7027—7032
war umbe sprichestû daz
daz beide minne unde haz
ensament bûwen ein vaz?
wan bedenkestû dich baz?
ez ist minne und hazze 6027
zenge in einem vazze.
wan swâ der haz wirt innen
ernestlîcher minnen,
dâ rûmet der haz
vroun Minnen daz vaz:
swâ abe gehûset der haz,
dâ wirt diu minne laz.'
Nû wil ich iu bescheiden daz,
wie herzeminne und bitter haz
ein vil engez vaz besaz.
ir herze ist ein gnuoc engez vaz:
dâ wonte ensament inne
haz unde minne.
sî hât aber underslagen 6033

ein want, als ich iu wil sagen,
daz haz der minne niene weiz.
sî tæte im anders alsô heiz
daz nâch schanden der haz
müese rûmen daz vaz;
und rûmetz doch vroun Minnen,
wirt er ir bî im innen.
Diu unkünde was diu want
diu ir herze underbant,
daz sî gevriunt von herzen sint, *6050*
und machets mit sehenden ougen
sî wil daz ein geselle [blint.
den anderen velle:
und swennern überwindet
und dâ nâch bevindet
wen er hât überwunden,
sone mac er von den stunden
niemer mêre werden vrô.
der Wunsch vluochet im alsô: *fehlt für*
im gebrist des leides niht, *7066—7074*
swenn im daz liebest geschiht.
wan sweder ir den sige kôs,
der wart mit sige sigelôs.
in hât unsælec getân
aller sîner sælden wân:
er hazzet daz er minnet,
und verliuset sô er gewinnet.
Ir ors diu liefen drâte.
ze vruo noch ze spâte
sô neicten sî diu sper *6084*
und sluogens ûf die brust her,
daz sî niene wancten.
sine bürten noch ensancten
deweder ze nider noch ze hô,
niuwan ze rehter mâze alsô
als ez wesen solde
und ir ietweder wolde
sînen kampfgesellen
ûf den sâmen vellen,
daz ietweders stich geriet
dâ schilt unde helm schiet:
wan dâ râmet er des man

der den man vellen kan.
daz wart dâ wol erzeiget:
wandez was geneiget
ir ietweder alsô sêre
daz er dâ vor nie mêre
sô nâhen kam dem valle,
ern viele ouch mit alle.
daz ir ietweder gesaz,
daz enmeinde niht wan daz
daz diu sper niht ganz beliben: *6108*
wand sî kâmen dar getriben
mit alsô manlîcher kraft
daz ir ietweders schaft
wol ze hundert stücken brach,
und daz männeclîch dâ jach *fehlt für 7104—7123*
ern gesæhe schœner tjost nie.
ez liefen kreiierende hie
behender garzûne gnuoc,
der ietweder truoc
driu sper ode zwei.
man hôrte niht wan ein geschrei
'wâ nû sper? wâ nû sper?
diz ist hin, ein anderz her.'
dâ wart vil gestochen
und gar diu sper zebrochen
diu sî dâ haben mohten.
heten si dô gevohten
ze orse mitten swerten,
des sî niene gerten,
daz wære der armen orse tôt:
von diu was in beiden nôt
daz sî die dörperheit vermiten
und daz sî ze vuoze striten.
in heten diu ors niht getân:
sî liezenz an den lîp gân.
Ich sage iu waz sî tâten,
dô sî zesamne trâten,
die zwêne kampfwîsen.
sî sparten daz îsen
dâ mit ir lîp was bewart:
diu swert enwurden niht gespart. *6118*
sî wâren der schilte

ein ander harte milte:
den schilten wâren sî gehaz.
ir ietweder bedâhte daz *fehlt für*
'waz touc mir mîn arbeit? *7134—7137*
unz er den schilt vor im treit,
sô ist er ein sicher man.'
die schilte hiuwen sî dan.
sîne geruochten des nie
daz sî niderhalp der knie
deheiner slege tæten war,
dâ si der schilte wâren bar.
si entlihen kreftiger slege *6123 (6258)*
mê dan ich gesagen mege,
âne bürgen und âne pfant,
und wart vergolten dâ zehant.
Swer gerne giltet, daz ist guot: *fehlt für*
wan hât er borgennes muot, *7147—7227*
sô mac er wol borgen.
daz muosen sî besorgen,
swer borget und niht gulte,
daz er des lîhte engulte.
borgetens âne gelten,
des vorhten sî engelten;
wand ers ofte engiltet
swer borc niene giltet.
sî hetens dâ engolten,
dane wurde borc vergolten;
dâ von ir ietweder galt
daz ers an lobe niht engalt.
sî muosen vaste gelten
vür des tôdes schelten
und vür die scheltære
bœser geltære.
si entlihen bêde ûz voller hant,
und wart nâch gelte niht gesant:
wand sî heten ûf daz velt
beide brâht ir übergelt
und vergulten an der stat
mê und ê dan man sî bat.
verlegeniu müezekheit
ist gote und der werlte leit:
dâne lât sich ouch nieman an

niuwan ein verlegen man. *fehlt bis 7227*
Wer gerne lebet nâch êren,
der sol vil starke kêren
alle sine sinne
nâch etelîchem gewinne,
dâ mit er sich wol bejage
und ouch vertrîbe die tage.
alsô heten sî getân:
ir leben was niht verlân
an deheine müezekheit.
in was beiden vil leit
swenne ir tage giengen hin
daz sî deheinen gewin
an ir koufe envunden,
des sî sich underwunden.
sî wâren zwêne mære
karge wehselære
und entlihen ûz ir varende guot
ûf einen seltsænen muot.
sî nâmen wuocher dar an
sam zwêne werbende man:
sî pflâgen zir gewinne
harte vremder sinne.
dehein koufman hete ir site,
ern verdurbe dâ mite:
dâ wurden sî rîche abe.
si entlihen nieman ir habe,
in enwære leit, galt er in.
nû sehent ir wie selch gewin
ieman gerîchen mege.
da entlihen sî stiche und slege
beide mit swerten und mit spern:
desn moht sî nieman gewern
vol unz an daz halbe teil:
des wuohs ir êre und ir heil.
ouch was ir wehsel sô gereit
daz er nie wart verseit
manne noch wîbe,
sine wehselten mit dem lîbe
arbeit umb êre.
sine heten nie mêre
in alsô kurzen stunden

sô vollen gelt vunden: *fehlt bis 7227*
si entlihen nie einen slac
wan dâ der gelt selb ander lac.
die schilte wurden dar gegeben
ze nôtpfande vür daz leben:
die hiuwens drâte von der hant.
done heten sî dehein ander pfant
niuwan daz îsen alsô bar:
daz verpfanten sî dar.
ouch enwart der lîp des niht erlân
ern müese dâ ze pfande stân:
den verzinseten sî sâ.
die helme wurden eteswâ *6119*
vil sêre verschrôten,
daz die meilen rôten
von bluote begunden,
wande sî vil wunden
in kurzer stunt enpfiengen
die niht ze verhe engiengen.

Sich huop wider morgen
mit manlîchen sorgen
dirre angestlîcher strît,
und werte harte lange zît,
unz vol nâch mittem tage,
daz dô von ir deweders slage
dehein schade mohte komen.
in hete diu müede benomen
sô gar den lîp und die kraft
daz sî des dûhte ir rîterschaft
diu wære gar ân êre,
und envâhten dô niht mêre.
ez wart dâ von in beiden *6154*
ein vil gemüetlich scheiden,
und sazten sich ze ruowe hie
unz sî diu müede verlie.

Diu ruowe wart vil unlanc *6157*
unz ietweder ûf spranc
und liefen aber ein ander an.
si wâren zwêne vrische man
beide des willen untter kraft.
ezn wac ir erriu rîterschaft
engegen dirre niht ein strô,

der sî begunden aber dô.
ir slege wâren kreftec ê,
nû kreftiger, und wart ir mê.
ouch sach diesen kampf an
manec kampfwîse man:
ir deheines ouge was vür wâr 6197
weder sô wîse noch sô clâr,
heter genomen ûf sinen eit
ze sagenne die wârheit
weder irz des tages ie
gewunnen hete bezzer hie
alsô groz als umb ein hâr,
desne möhter vür wâr
ir dewederm nie gejehen:
ezn wart nie glîcher kampf gesehen.
Nû sorget man unde wîp
umb ir êre und umb ir lîp:
und möhten sîz in beiden (6169)
nâch êren hân gescheiden,
daz heten sî gerne getân,
und begunden rede drumbe hân,
wand wer möhte daz verclagen 6186
sweder ir dâ wurde erslagen
od gekrenket an den êren?
der künec begunde kêren *fehlt für*
bete unde sinne, *7282—7322*
ob er deheine minne
vunde an der altern maget,
diu sô gar hete versaget
der jungern ir erbe.
diu bete was unbederbe:
si versaget im mit unsiten
daz er sîs niht mêre wolde biten.
Dô aber diu junger ersach
der guoten rîter ungemach,
daz truobte si in ir sinnen:
und dô sî mit minnen
nieman gescheiden mohte,
dô tete sî als ir tohte.
diu edele und diu schœne,
diu gewizzen, diu unhœne,
diu süeze, diu guote,

diu suoze gemuote, *fehlt bis 7322*
diu niuwan süezes kunde,
mit rôtsüezem munde
lachte sî die swester an.
sî sprach 'ê ein sus gêret man
den tôt in mînem namen kür
ode sîn êre verlür,
mîn lîp und unser beider lant
wæren bezzer verbrant.
ziuch dich mit guotem heile
ze mînem erbeteile.
dir sî verlâzen âne nît
beide lant unde strît.
deiswâr sît ichs niht haben sol,
ichn gan es niemen alsô wol.
heiz den kampf lâzen sîn:
ir leben ist nützer danne daz mîn.
ich bin noch baz ein armez wîp
danne ir deweder den lîp
durch mich hie sül verliesen.
ich wil ûf dich verkiesen.'
Ir willen dâ nieman ensach
wan der ir guotes drumbe jach.
den künec sî alle bâten *6180*
und begunden râten
daz erz durch got tæte
und die altern bæte
daz sî der jungeren doch
daz dritte teil od minre noch
ir erbeteiles wolde geben:
ez gienge den rîtern an daz leben,
ir einem ode in beiden,
sine wurden gescheiden.
daz hete sî lîhte dô getân, *6172*
wold es der künec verhenget hân.
done wold ers niht volgen: *6189*
er was sô sêre erbolgen
der altern durch ir herten muot:
in dûht diu junger alsô guot
daz er sî nôte verstiez,
wand sî sich vil gar verliez
ze sînem hoverehte.

dise guoten knehte
die hâten dem langen tage
mit manegem rîterlîchen slage
nâch êren ende gegeben,
und stuont noch ûf der wâge ir leben,
unz daz diu naht ane gienc *6207*
und ez diu vinster undervienc.
Sus schiet sî beide diu naht,
und daz ir ietweders maht *6216*
wol dem andern was kunt,
daz sî beide dâ zestunt
an ein ander genuocte.
und sîtz sich wol gevuocte
daz sîz mit êren mohten lân,
sô liezen sîz wol understân
unz an den anderen tac.
sî tâten als er ie pflac *fehlt für 7358—7369*
der ie rehten muot gewan:
swie leide dem biderben man
von dem anderen geschiht,
enkumtz von muotwillen niht,
ob er im den willen trüege
daz er in gerne slüege,
sone ist er im doch niht gehaz,
unde behaget im baz
dan dâ bî ein bœser man
des er nie schaden gewan.
Daz wart wol schîn an in zwein.
sich verkunte mîn her Îwein
wider sînen kampfgenôz,
wand erz vür eine gâbe grôz,
ir ietweder haben wolde,
ober wizzen solde
wer der ander wære.
sîniu wehselmære *6229*
begunder wider in dô hân.
er sprach ‘wir haben eht verlân
unser häzlîchez spil:
ich mac nû sprechen swaz ich wil. *fehlt für 7380—7402*
Ich minnet ie von mîner maht
den liehten tac vür die naht:
dâ lac vil mîner vreuden an,

und vreut noch wîp unde man. *fehlt bis 7402*
der tac ist vrœlich unde clâr,
diu naht trüebe unde swâr,
wand sî diu herze trüebet.
sô der tac üebet
manheit unde wâfen,
sô wil diu naht slâfen.
ich minnet unz an dise vrist
den tac vür allez dazder ist:
deiswâr, edel rîter guot,
nû habet ir den selben muot
vil gar an mir verkêret.
der tac sî gunêret:
ich hazz in iemer mêre,
wand er mir alle mîn êre
vil nâch hæte benomen.
diu naht sî gote willekomen:
sol ich mit êren alten,
daz hât sî mir behalten.
nû seht ob ich von dem tage
niht grôzen kumber unde clage
wol von schulden haben mege.
und wærer langer drîer slege, *6342*
die heten iu den sige gegeben
unde mir benomen daz leben:
des erlât mich disiu liebiu naht. *(6238)*
diu ruowe gît mir niuwe maht *fehlt für 7410—7423*
(dâ nâch gât ein swære tac)
daz ich danne aber vehten mac.
nû muoz ich aber sorgen
ûf den tac morgen.
got enwelle michs erlân,
sô muoz ich aber bestân
den aller tiuresten man
des ich ie künde gewan.
dâ hœret weizgot sorge zuo:
got sî der sîne gnâde tuo.
den ich dâ meine, daz sît ir.
got der bewar mir
mînen lîp und mîn êre:
ichn gevorhte ir nie sô sêre. *6241*
und wizzet daz ich nie gewan *6244*

ze tuonne mit deheinem man
den ich sô gerne erkande.
ir möhtent âne schande
mir wol sagen iuwern namen.'
'ichn wil mich wider iuch niht scha-
sprach mîn her Gâwein, [men,'
'wir gehellen beide in ein. *(6254)*
herre, ir habent mich des verdigen:
unde hetent ir geswigen,
die rede die ir habent getân
die wold ich gesprochen hân.
daz ir dâ minnet, daz minn ich: *fehlt für*
des ir dâ sorget, des sorg ich. *7437—7442*
ez ist hiute hin ein tac
den ich wol immer hazzen mac:
wand er hât mir die nôt getân
der ich ie was erlân.
mir benam deiswâr nie mêre
ein man alsô sêre
mîne werlîche maht:
und möhtet ir vor der naht *fehlt für*
ze zwein slegen hân gesehen, *7446—7448*
sô müese ich iu des siges jehen.
ich hân der naht vil kûme erbiten.
swaz ich noch hân gestriten,
so gewan ich nie sô grôze nôt.
ich vürhte laster ode den tôt *fehlt für*
von iu gewinnen morgen. *7452—7469*
wir sîn in glîchen sorgen.
und sî iu daz vür wâr geseit
daz ich durch iuwer vrümekheit
iu aller der êren wol gan
der ich niht sêre engelten kan.
Mîn herze ist leides überladen,
daz ich ûf iuweren schaden
immer sol gedenken.
swa ez mich niht süle krenken,
da geschehe iu allez des ir gert.
des sît ir weizgot wol wert.
ich wolde daz ez wære alsô
daz diese juncvrouwen zwô
heten swaz sî dûhte guot,

und daz wir dienesthaften muot
under ein ander müesen tragen.
ich wil iu mînen namen sagen. *6266*
ich bin genant Gâwein.'
'Gâwein?' 'jâ.' 'wie wol daz schein
disen unsenften tac!
manegen vîentlîchen slac
hân ich von iu enpfangen.
iuwer haz ist ergangen
über iuwern gewissen dienestman.
und ichn zwîvel niht dar an,
swaz ir mir leides hânt getân,
desn wær ich alles erlân,
het ich mich enzît genant.
wir wâren wîlen baz erkant.
herre, ich bin ez Îwein.' *6284*
dô wonte under in zwein
liebe bî leide.
sî vreuten sich beide
daz sî zesamne wâren komen:
daz ir ietweder hete genomen
des andern dehein arbeit,
daz was ir beider herzeleit.
beide trûren unde haz *fehlt für*
rûmden gâhes daz vaz, *7491—7494*
und rîchseten dar inne
vreude unde minne.
daz erzeicten sî wol under in:
diu swert wurfen sî hin
unde liefen ein ander an.
ezn gelebete nie dehein man
deheinen lieberen tac,
und enweiz joch niht ob iemen mac
alsô lieben geleben
als in dâ got hete gegeben.
sî underkusten tûsentstunt *6311*
ougen wangen unde munt.
Dô der künec die minne
und diu küneginne
von in zwein gesâhen,
und vriundes umbevâhen,
des wundert sî sêre,

und entwelten niht mêre,
si begunden dar gâhen, *6315*
wand sî sî gerne sâhen
sô vriuntlichen gebâren.
und wer sî beide wâren,
dazn was dâ nieman erkant,
wan als man ez sît bevant.
ouch heten die helme unt tiu naht
ir gesiune bedaht
unttes kampfes grimme *6232*
verwandelt ir stimme,
daz sî dâ wâren unerkant,
enheten sî sich niht genant.
'Ei', sprach mîn her Îwein,
'der tac der dâ hiute schein, *fehlt für*
daz swert daz den slac truoc *7524—7532*
den ich hiute ûf iuch gesluoc,
diu müezen gunêret sîn.
her Gâwein, lieber herre mîn,
waz mac ich sprechen mêre
wan daz ich iuch êre
als iuwer rîter und iuwer kneht?
daz ist mîn wille und mîn reht.
ir hânt mich ofte gêret *6288*
und ze guote gekêret
mîn dinc sô volleclîchen
daz man mir in den rîchen
mêre guotes hât gejehen
danne ez âne iuch wære geschehen.
ob ich dâ wider möhte
iuch gêren als ez töhte,
des wold ich iemer wesen vrô.
nune mac ich anders wan alsô
daz ich iuwer Îwein *(6285)*
iemer schîne, unde ie schein,
niuwan hiute disen tac, *fehlt für*
den ich wol iemer heizen mac *7545—7556*
die gallen in dem jâre:
wan ezn wart zewâre
weder mîn hant noch mîn swert
nie der unmâzen wert
daz sî iu ie geslüegen slac.

ich verwâze swert untten tac: *fehlt bis 7556*
sô sol mîn ungewizzen hant
ir geltes selbe sîn ein pfant,
daz sî iu daz ze wandel gebe
daz sî iu diene unz ich lebe.
her Gâwein, doch enmöhtent ir
niht baz gerochen sîn an mir:
wand sî hât mich gunêret
und iuwern prîs gemêret.
sî hât sich selben sô erwert
daz iu der sige ist beschert. *6291*
ich sicher in iuwer gebot:
wan daz weiz unser herre got
daz ich sigelôs bin.
ich scheide iuwer gevangen hin.'
'Herre und lieber geselle, nein,' *6294*
sprach mîn her Gâwein
'daz sich dehein mîn êre
mit iuwerm laster mêre!
des prîses hân ich gerne rât,
des mîn vriunt laster hât.
waz töhte ob ich mich selben trüge?
swaz êren ich mich ane züge,
sô hânt sî alle wol gesehen
waz under uns ist geschehen.
ich sicher unde ergibe mich:
der sigelôse der bin ich.'
Her Îwein antwurt aber dô *6298*
'ir wænet lîhte daz alsô
disiu sicherheit geschehe
daz ich ir iu ze liebe jehe.
wæret ir mir der vremdest man *6306*
der ie ze Riuzen hûs gewan,
ê ir mich sô bestüendent mê,
zewâre ich sicherte iu ê.
von rehte sicher ich von diu.'
'nein, herre geselle, ich sicher iu,'
sprach mîn her Gâwein.
sus werte under in zwein *6314*
âne lôsen lange zît
dirre vriuntlîcher strît,
unz daz der künec unt tiu diet

beide vrâgte unde riet 6318
waz under disen liuten
diu minne möhte diuten
dem hazze alsô nâhen
den sî ê dâ sâhen;
des man im schiere verjach.
sîn neve her Gâwein der sprach
'herre, wir sulnz iu gerne sagen, 6326
daz ir uns iht habent vür zagen,
od daz des iemen wân habe
daz wir mit dirre vuoge iht abe
des strîtes komen wellen.
wir wâren ê gesellen:
daz was uns leider unkunt
hiute unz an dise stunt:
nune wont niht hazzes bî uns zwein.
ich iuwer neve Gâwein 6333
hân gestriten wider in
dem ich dienesthafter bin
danne in der werlte ieman,
unz er mich vrâgen began
wie ich wære genant.
dô im mîn name wart erkant,
dô nande er sich sâ,
und rûmde vîentschaft dâ,
und gehellen iemer mêre in ein:
ez ist mîn geselle Îwein.
und geloubet mir daz ich iu sage:
het erz gehabet an dem tage,
mich hete brâht in arbeit 6345
mîn unreht und sîn vrümekheit.
Diu juncvrouwe hât rehtes niht
vür die man mich hie vehten siht:
ir swester ist mit rehte hie.
sô half ouch got dem rehten ie:
des wær ich tôt von sîner hant,
het ez diu naht niht erwant.
sît mir geviel daz unheil,
sô ist mir lieber ein teil 6348
nâch grôzem ungevelle
daz mich min geselle
habe überwunden danne erslagen.'

die rede begunde her Îwein clagen
und wart von leide schamerôt, 6350
daz er im der êren bôt
ein lützel mêre danne gnuoc.
daz êren er im niht vertruoc:
wan redte er wol, sô redte er baz.
hie was zorn âne haz.
Der rede vil dâ geschach,
daz man ir ietwedern sach
des andern prîs mêren
mit sîn selbes êren.
des vreute der künec sich. 6367
er sprach 'ir müezent an mich 6375
den strît lâzen beide,
durch daz ich iu bescheide
daz iuch des wol genüeget
und sich ouch mir wol vüeget.'
Diu rede wart im bevolhen gar. 6379
die juncvrouwen lâter dar.
er sprach 'wâ ist nû diu maget 6384
diu ir swester hât versaget
niuwan durch ir übermuot
ir erbeteil unt taz guot
daz in ir vater beiden lie?'
dô sprach sî gâhes 'ich bin hie.' 6388
dô sî sich alsus versprach
und unrehtes selbe jach,
des wart Artûs der künec vrô:
ze geziuge zôch ers alle dô.
er sprach 'vrouwe, ir hânt verjehen.
daz ist vor sô vil diet geschehen
daz irs niht wider muget komen:
und daz ir ir habet genomen, 6394
daz müezet ir ir wider geben,
welt ir nâch gerihte leben.'
'Nein, herre,' sprach sî, 'durch got.
ez stât ûf iuwer gebot
beide guot unde lîp.
jâ gesprichet lîhte ein wîp *fehlt für*
des sî niht sprechen solde. *7674—7684*
swer daz rechen wolde
daz wir wîp gesprechen,

der müese vil gerechen. *fehlt bis 7684*
wir wîp bedurfen alle tage
daz man uns tumbe rede vertrage;
wand sî under wîlen ist
herte und doch ân argen list,
geværlich und doch âne haz:
wan wirne kunnen leider baz.
swie ich mit worten habe gevarn, *6396*
sô sult ir iuwer reht bewarn,
daz ir mir iht gewalt tuot.'
er sprach 'ich lâze iu iuwer guot, *6402*
und iuwer swester habe daz ir.
der strît ist lâzen her ze mir:
ouch hât sich diu guote
mit einvaltem muote
sô gar her ze mir verlân:
diu muoz ir teil ze rehte hân.
gehellen wir zwêne in ein
(ez giht mîn neve Gâwein
daz er den sige verloren habe),
sô kumt ir des strîtes abe
mit schanden unde ân êre.
sus ist ez iemer mêre
iuwer prîs und iuwer heil,
lât ir ir mit minnen ir teil.'
  Diz redte er, wander weste *6421*
ir herze alsô veste
an hertem gemüete,
durch reht noch durch güete
enhete sîz nimmer getân.
sî muose gewalt od vorhte hân:
nu gewan sî vorhte von der drô.
'nû tuot dermite,' sprach sî dô, *6430*
'weder minre noch mê
niuwan daz iu rehte stê.
beide ich wil und muoz sî wern,
sît daz irs niht welt enbern.
ich teile ir liute unde lant:
des sît ir bürge unde pfant.' *6436*
  Dô sprach der künec 'daz sî getân.'
wandez an in was verlân,
sô wart ez wol verendet,

verbürget unde verpfendet,
daz sî ir erbeteil enpfienc.
der künec sprach, dô diz ergienc, 6447
'neve Gâwein, entwâfen dich:
so entwâfen ouch her Îwein sich:
wan iu ist beiden ruowe nôt.'
dô tâten sî daz er gebôt.
Nû was der lewe ûz komen, 6456
als ir ê habent vernomen,
dâ er dâ in versperret wart,
und jaget ûf sînes herren vart,
unz si in zuo in sâhen
dort über velt gâhen.
do bestuont dâ nieman mêre:
sî vorhten in sô sêre.
dâ vlôch man unde wîp
durch behalten den lîp,
unz daz her Îwein sprach
'ern tuot iu dehein ungemach:
er ist mîn vriunt und suochet mich.'
dô verstuondens alrêrst sich 6469
daz ez der degen mære
mittem lewen wære,
von dem sî wunder hôrten sagen
und der den risen het erslagen.
'Geselle,' sprach her Gâwein dô, 6475
'ich mac wol iemer sîn unvrô,
daz ich iu sus gedanket hân
des ir mir guotes hânt getân.
den risen sluogent ir durch mich:
des ruomde mîn niftel sich:
wand ir enbutet mirz bî ir.
ez hete durch mich, seit sî mir,
der rîter mittem lewen getân:
irn woldet sî niht wizzen lân
wie ir wærent genant.
dô neic ich umbe in älliu lant,
ichn weste war ode weme,
wan ich meintez hin ze deme
der durch mich bestuont die nôt:
unde esn letze mich der tôt,
ich gedienez iemer als ich sol.

ich erkenne iuch bî dem lewen wol.'
sus lief ter lewe zuo im her: *6494*
sînem herren erzeicte er
vreude unde vriuntschaft
mit aller der kraft
als ein stumbez tier dem man
vriuntschaft erzeigen kan.
Zehant wart in beiden *6498*
ein ruowe bescheiden,
dâ in gnâde und gemach
zuo ir wunden geschach.
arzte gewan her Gâwein,
im selben unde in zwein,
ze heilenne ir wunden.
ouch pflac ir zallen stunden *fehlt für*
diu künegîn untter künec Artûs. *7776—7777*
des biuten sî daz siechhûs
vil unlange stunt
unz daz sî wâren gesunt. *6510. 6526*
Dô hern Îwein wart gegeben
kraft und gesundez leben,
noch wâren im die sinne
von sîner vrouwen minne
sô manegen wîs ze verhe wunt,
in dûhte, ob in ze kurzer stunt
sîn vrouwe niht enlôste
mit ir selber trôste,
sô müesez schiere sîn sîn tôt. *6514*
in twanc diu minnende nôt
ûf disen gæhen gedanc.
'ich trîbez kurz ode lanc,
sone weiz ich wiech ir minne
iemer gewinne,
wan daz ich zuo dem brunnen var
und gieze dar und aber dar.
gewinne ich kumber dâ von,
sô bin ich kumbers wol gewon
und lîd in gerner kurzer tage
danne ich iemer kumber trage.
doch lîd ich kumber iemer mê,
irn getuo der kumber ouch sô wê
daz ich noch ir minne

mit gewalt gewinne.'
Mit sînem lewen stal er sich dar, 6530
daz es nieman wart gewar
dâ ze hove noch anderswâ,
und machte kumbers weter dâ.
daz wart als ungehiure
daz in dem gemiure
nieman triute genesen.
'vervluochet müezer iemer wesen,' 6549
sprach dâ wîp unde man,
'der ie von êrste began
bûwen hie ze lande.
diz leit und dise schande
tuot uns ein man, swenner wil.
bœser stete der ist vil:
iedoch ist diz diu bœste stat
dar ûf ie hûs wart gesat.'
Daz waltgevelle wart sô grôz,
untter sûs untter dôz
werte mittem schalle,
daz er die liute alle
gar verzwîvelen tete.
dô sprach vrou Lûnete 6556
'vrouwe, kumt vil drâte
der dinge ze râte,
wâ ir den man vindet
mit tem ir überwindet
disen schaden und diz leit.
der ist iu weizgot ungereit,
man ensuoch in danne verre.
irn möhtet schande merre
niemer gewinnen,
swenn er nû scheidet hinnen
alles strîtes erlân,
der iu diz laster hât getân.
diz geschiht iu aber morgen:
irn wellet besorgen
dise selben sache,
man enlât iuch mit gemache
niemer mêre geleben.'
'mahtû mir nû rât gegeben?' 6576
sprach diu vrouwe zuo der maget,

'nû sî dir mîn nôt geclaget,
wan dû mînes dinges weist
alsô vil sô iemen meist.'
Sî sprach 'vrouwe, ir habt den rât
der iu wol baz ze staten stât.
ich bin ein wîp: næm ich mich an *fehlt für*
ze râtenne als ein wîser man, *7851—7853*
sô wær ich tumber danne ein kint.
ich lîde, mit andern die hie sint, *6585*
daz mir ze lîdenne geschiht,
unz man noch dirre tage gesiht
wer iu rât vinde
von iuwerm ingesinde,
der dise bürde an sich neme
und der uns ze schirme zeme.
ez mac wol sîn daz ez geschiht:
iedoch verwæn ich mich es niht.'
Sî sprach 'dû solt die rede lân: *6592*
îchn hân gedingen noch wân
daz ich in iemer vinde
in mînem gesinde:
und rât dar nâch daz beste.'
sî sprach 'der danne weste
den rîter der den risen sluoc
und der mich lasters übertruoc,
daz er mich von dem rôste
hie vor iu erlôste,
der iu den selben suochte,
ob er ze komenne ruochte,
sone wærez niender baz bewant.
doch ist mir ein dinc wol erkant:
ezn hulfe niemannes list, *6606*
unz im sin vrouwe ungnædec ist,
daz er vüere durch in
weder her ode hin,
ern tæte im danne sicherheit
daz er nâch rehter arbeit
mit allen sînen dingen
dâ nâch hulfe ringen,
ob er durch iu iht tæte,
daz er wider hæte
sîner vrouwen minne.'

diu vrouwe sprach 'die sinne 6616
der mir unser herre gan,
die kêr ich alle dar an,
beide lîp unde guot,
daz ich im ir zornmuot
vertrîbe, ob ich iemer mac.
des enpfâch mînen hantslac.'
Dô sprach aber vrou Lûnete 6622
'ir sît süeze und iuwer bete.
welch guot wîp wære von den siten,
die ir ze vlîze woldet biten,
diu iht versagen kunde
einem alsô süezen munde?
ob es iu âne valschen list
ernest wirt ode ist,
sô muoz er wol ir hulde hân.
ichn mac iuch des niht erlân
irn geheizet imz mit eide
ê daz ich von iu scheide.'
des eides was sî vil gereit.
vrou Lûnete gap den eit, 6635
und wart vil gar ûz genomen
daz im ze staten mohte komen
nâch dem sî dâ solde varn.
sî sprach 'vrouwe, ich muoz bewarn
mit selhen witzen den eit
daz mich deheiner valscheit
iemen zîhe dar an.
er ist ein harte stæter man
nâch dem ich dâ rîten sol,
und bedarf dâ stæter rede wol.
welt ir nâch im senden,
diu wort mit werken enden
der ich zem eide niht enbir,
sô sprechet, vrouwe, nâch mir.'
die vinger wurden ûf geleit:
alsus gap sî den eit.
'Ob der rîter her kumt
und mir ze mîner nôt gevrumt,
mit tem der lewe varend ist,
daz ich ân allen argen list
mîne maht und mînen sin

dar an kêrende bin
daz ich im wider gewinne
sîner vrouwen minne.
ich bite mir got helfen sô 6653
daz ich iemer werde vrô,
und dise guote heiligen.'
dône was dâ niht verswigen
des er bedurfen solde
den sî bringen wolde.
  Sich underwant vrou Lûnete
der reise die sî gerne tete.
hin reit diu guote 6663
mit vrœlîchem muote;
und was ir doch zuo der stunt
lützel dar umbe kunt,
dô sî der vart begunde,
wâ sî in vunde;
und wart ir kurzlichen kunt
ir vil sæliger vunt,
wan sî in bî dem brunnen vant.
er was ir bî dem lewen erkant: 6671
ouch erkande sî ir herre,
dô er sî sach von verre.
mit guotem willen gruozter sî. 6677
sî sprach 'daz ich iuch alsô bî
vunden hân, des lob ich got.'
'vrouwe, daz ist iuwer spot:
od hât ir mich gesuochet?'
'jâ, herre, ob irs geruochet.'
'waz ist daz ir gebietet?'
'dâ habt ir iuch genietet,
ein teil von iuwern schulden,
und von ir unhulden
von der iu dienete diz lant
und diu mich ûz hât gesant,
einer langen arbeit:
sine welle brechen danne ir eit, 6685
diu mich dâ ûz gesendet,
sô hân ich iu verendet
die rede alsô verre
daz ir aber mîn herre
werden sult in kurzer vrist,

alse sî mîn vrouwe ist.'
Hie was grôz vreude von in zwein.
done wart mîn her Îwein 6689
vordes nie alsô vrô.
von grôzen vreuden kuster dô
sîner juncvrouwen munt
hende und ougen tûsentstunt.
er sprach 'ir habt bescheinet
vil wol wie ir mich meinet.
ich vürhte sêre, und ist mîn clage,
daz mir des guotes ode der tage
ode beider zerinne
ê ich die grôzen minne
ze rehte umb iuch verschulden müge
als ez dem dieneste tüge
den ir mir nû habt getân.'
sî sprach 'die angest muget ir lân: 6700
ir gewinnet tage und daz guot,
het ich gedienet den muot,
daz mir gnâde wurde schîn
und sweme ir gnædec woldet sîn.
ichn hân niht baz wider iuch getân,
irn welletz danne baz enpfân,
dan der des andern guot entnimt,
und swenne ez ze geltenne gezimt,
daz er im geltes ist gereit.
ir entlihet mir michel arbeit,
dô ich wære verbrant,
ob irz niht hætet erwant.
vür mînen lîp was iuwer leben
ûf die wâge gegeben:
dô gâbet ir mir disen lîp.
ez verdienten niemer tûsent wîp
die gnâde dier mir habt getân.'
er sprach 'die rede sult ir lân.
ir habt vaste überzalt: 6710
mir ist vergolten tûsentvalt
swaz ich ie durch iuch getete.
nû saget mir, liebe vrou Lûnete,
weiz sî doch daz ich ez bin?'
sî sprach 'daz wære der ungewin.
sine weiz von iu, geloubet mirz,

zer werlte mêre wan daz irz
der rîter mittem lewen sît. 6717
si bevindetz noch ze guoter zît.'
Dô riten sî ze hûse dan,
und in bekam dâ wîp noch man.
daz envuocte ouch anders niht
niuwan ein wunderlich geschiht,
daz sî dâ nieman rîten sach
unz sî ergriffen ir gemach.
dô gienc vrou Lûnete
dâ sî an ir gebete
ir vrouwen alters eine vant,
unde saget ir zehant
daz er komen wære.
done hete sî dehein mære 6723
alsô gerne vernomen.
sî sprach 'nû sî er willekomen.
ich wil in harte gerne sehen,
swie daz mit vuoge mac geschehen.
genc hin zuo im unde ervar, *fehlt für*
wil er her, od sol ich dar? *8033—8036*
daz sî: wan ich bedarf sîn.
er gienge nâch mir, bedorfter mîn.'
Vil schiere brâht in vrou Lûnete.
er vuor swie sî in varen tete,
gewâfent daz im nihts gebrast. 6731
si enpfie den wirt vür einen gast.
und bî dem êrsten gruoze
viel er ir ze vuoze
und enhete doch deheine bete.
dô sprach vrou Lûnete
'vrouwe, heizet in ûf stân: 6733
und als ich im geheizen hân,
sô sult ir lœsen den eit.
ich sag iu mitter wârheit
daz diu helfe untter rât
niuwan an iu einer stât.'
Sî sprach 'nû bewîse mich:
durch sînen willen tuon ich 6739
swaz ich mac unde sol.'
sî sprach 'vrouwe, ir redent wol.
nûne hulfe im nieman baz. 6744

sîn vrouwe, diu im ist gehaz,
gebietent ir, diu lât ir zorn:
gebietent ir, er ist verlorn,
und möht iu daz wol wesen leit.
irn habt mitter wârheit
deheinen bezzern vriunt dan er ist.
ez wolde unser herre Krist, 6750
und wîste mich ûf die vart,
daz er sô gâhes vunden wart,
daz diu vremde von iu zwein
wurde gesamenet in ein.
sone sol iuch dan dehein ander nôt
gescheiden nimmer âne den tôt.
nû behaltet iuwer gewarheit
unde lœsent den eit.
vergebent im sîne missetât,
wand er dehein ander vrouwen hât
noch gewinnet noch nie gewan.
diz ist her Îwein iuwer man.'
Diu rede dûhte si wunderlich,
und trat vil gâhes hinder sich.
sî sprach 'hâstû mir wâr geseit,
sô hât mich dîn karkheit 6761
wunderlîchen hin gegeben.
sol ich dem vürdermâle leben
der ûf mich dehein ahte enhât?
deiswâr des het ich gerne rât.
mirn getete daz weter nie sô wê
ichn woldez iemer lîden ê 6766
danne ich ze langer stunde
mînes lîbes gunde
deheinem sô gemuoten man
der nie dehein ahte ûf mich gewan:
und sage dir mitter wârheit,
entwunge michs niht der eit,
sô wærez unergangen.
der eit hât mich gevangen:
der zorn ist mînhalp dâ hin. *fehlt für*
gedienen müez ich noch umb in *8093—8096*
daz er mich lieber welle hân
danner mich noch habe getân.'
Der herre Îwein vrœlichen sprach, 6777

dô er gehôrte unde sach
daz im sîn rede ze heile sluoc,
und der kumber den er truoc,
daz der ein ende solde hân
'vrouwe, ich hân missetân:
zewâre daz riuwet mich.
ouch ist daz gewonlich
daz man dem sündigen man,
swie swære schulde er ie gewan,
nâch riuwen sünde vergebe,
und daz er in der buoze lebe
daz erz niemer mê getuo.
nune hœret anders niht dâ zuo:
wan kum ich nû ze hulden,
sine wirt von mînen schulden
niemer mêre verlorn.'
sî sprach 'ich hân es gesworn: *6790*
ez wære mir liep ode leit,
daz ich mîner gewarheit
iht wider komen kunde.'
er sprach 'diz ist diu stunde
die ich wol iemer heizen mac
mîner vreuden ôstertac.'
Dô sprach diu künegîn *fehlt für 8121—8136*
'her Îwein, lieber herre mîn,
tuot genædiclîchen an mir.
grôzen kumber habet ir
von mînen schulden erliten:
des wil ich iuch durch got biten
daz ir ruochet mir vergeben,
wand er mich, unz ich hân daz leben,
von herzen iemer riuwen muoz.'
dâ mite viel sî an sînen vuoz
und bat in harte verre.
'stât ûf,' sprach der herre,
'irn habt deheine schulde:
wan ich het iuwer hulde
niuwan durch mînen muot verlorn.'
sus wart versüenet der zorn.
Hie gesach vrou Lûnete *6809*
die suone diu ir sanfte tete.
swâ man unde wîp, *fehlt für 8139—8143*

habent guot unde lîp,
schœne sinne unde jugent,
âne ander untugent,
werdent diu gesellen
diu kunnen unde wellen
ein ander behalten,
lât diu got alten,
diu gewinnent manege süeze zît.
daz was hie allez wænlich sît.
hie was vrou Lûnete mite
nâch ir dienesthaften site.
diu hete mit ir sinne 6811
ir beider unminne
brâht zallem guote,
als sî in ir muote
lange hâte gegert.
ir dienest was wol lônes wert:
ouch wæn ich sîs alsô genôz
daz sî des kumbers niht verdrôz.
ez was guot leben wænlich hie:
ichn weiz ab waz ode wie 6816
in sît geschæhe beiden.
ezn wart mir niht bescheiden
von dem ich die rede habe:
durch daz enkan ouch ich dar abe
iu niht gesagen mêre,
wan got gebe uns sælde und êre.

Hartmann von Aue
IWEIN

Eine Erzählung
Herausgegeben von G. F. BENECKE und K. LACHMANN
Neu bearbeitet von LUDWIG WOLFF
Siebente Ausgabe
Band I: Text. Oktav. XVI, 196 Seiten. 1968. Ganzleinen DM 18,—;
Broschiert DM 9,80

Band II: Handschriftenübersicht. Anmerkungen und Lesarten
Oktav. IV, 227 Seiten. 1968. Ganzleinen DM 20,—

Hartmann von Aue
IWEIN

Text der 7. Ausgabe von G. F. BENECKE, K. LACHMANN, L. WOLFF
Übersetzung und Anmerkungen von THOMAS CRAMER
Oktav. VI, 232 Seiten. 1968. Ganzleinen DM 24,—

Hartmann von Aue
DER ARME HEINRICH

nebst einer Auswahl aus der ‚Klage', dem ‚Gregorius' und den ‚Liedern'
(mit einem Wörterverzeichnis)
Herausgegeben von FRIEDRICH MAURER
2. Auflage. 96 Seiten. 1968. DM 3,60 *(Sammlung Göschen Band 18)*

Wolfram von Eschenbach
WILLEHALM

Text der 6. Ausgabe von KARL LACHMANN
Übersetzung und Anmerkungen von DIETER KARTSCHOKE
Oktav. VI, 320 Seiten. 1968. Ganzleinen DM 32,—

Wolfram von Eschenbach
PARZIVAL

Studienausgabe
Groß-Oktav. IV, 376 Seiten. 1965. Broschiert DM 9,80
(Mit Lesarten)

Walter de Gruyter & Co · Berlin 30

Wolfram von Eschenbach
PARZIVAL

Eine Auswahl mit Anmerkungen und Wörterbuch
von Hermann Jantzen
3. Auflage, bearbeitet von Herbert Kolb
128 Seiten. 1966. DM 3,60 *(Sammlung Göschen Band 921)*

Wolfram von Eschenbach

Von Karl Lachmann
Unveränderter photomechanischer Nachdruck der 6. Ausgabe (1926)
Groß-Oktav. LXXII, 640 Seiten. 1965. Ganzleinen DM 24,—
Diese Ausgabe enthält alle Werke Wolframs

Gottfried von Straßburg
TRISTAN UND ISOLDE

in Auswahl herausgegeben von Friedrich Maurer
2. Auflage. 142 Seiten. 1965. DM 3,60 *(Sammlung Göschen Band 22)*

Die Gedichte Walthers von der Vogelweide

Herausgegeben von Karl Lachmann
13., aufgrund der zehnten von Carl von Kraus bearbeiteten Ausgabe,
neu herausgegeben von Hugo Kuhn
Groß-Oktav. XLVIII, 255 Seiten. 1965. Ganzleinen DM 14,—

Die Gedichte Walthers von der Vogelweide

Studienausgabe
Groß-Oktav. IV, 196 Seiten. 1965. Broschiert DM 7,—
(Mit Lesarten und Verzeichnis der Strophenanfänge, ohne Vorreden,
Einleitung und Anmerkungen)

Walter de Gruyter & Co · Berlin 30

Die Gedichte Walthers von der Vogelweide

Urtext mit Prosaübersetzung von Hans Böhm
3., unveränderte Auflage
Groß-Oktav. VII, 293 Seiten. 1964. Ganzleinen DM 9,80

Walther von der Vogelweide

Untersuchungen von Carl von Kraus †
2., unveränderte Auflage. Oktav. XVI, 500 Seiten. 1966. Ganzleinen DM 36,—

Mittelhochdeutsche Novellen

I. Die Heidin (IV. Redaktion)

Herausgegeben von Ludwig Pfannmüller
51 Seiten. 1912. DM 2,25
(Kleine Texte für Vorlesungen und Übungen 92)

Meister Eckharts Buch der göttlichen Tröstung und von dem edlen Menschen

(Liber ‚Benedictus') unter Benutzung bisher unbekannter Handschriften
neu herausgegeben von Josef Quint
3. Auflage. XX, 142 Seiten. 1952. DM 9,80
(Kleine Texte für Vorlesungen und Übungen 55)

Ausgewählte Predigten Johann Taulers

Herausgegeben von Leopold Naumann
Unveränderter Neudruck. 62 Seiten. 1933. DM 3,—
(Kleine Texte für Vorlesungen und Übungen 127)

Walter de Gruyter & Co · Berlin 30

Frühneuhochdeutsches Glossar

Von Alfred Götze
7. Auflage. Oktav. XII, 240 Seiten. 1967. DM 9,80
(Kleine Texte für Vorlesungen und Übungen 101)

Kleinere geistliche Gedichte des XII. Jahrhunderts

Herausgegeben von Albert Leitzmann
2., durchgesehene Auflage. 31 Seiten. 1929. DM 1,80
(Kleine Texte für Vorlesungen und Übungen 54)

Der Nibelunge Noth und die Klage

Nach der ältesten Überlieferung mit Bezeichnung des Unechten und mit den Abweichungen der gemeinen Lesart. Herausgegeben von Karl Lachmann. 6., unveränderte Ausgabe mit einem Handschriftenverzeichnis und einem Vorwort von Ulrich Pretzel

Groß-Oktav. XXVI, 372 Seiten. 1960. Ganzleinen DM 12,50
Bei Bezug von 30 und mehr Expl. je DM 8,50

Der Nibelunge Nôt

in Auswahl
mit kurzem Wörterbuch herausgegeben von Karl Langosch
11., durchgesehene Auflage. 166 Seiten. 1966. DM 3,60
(Sammlung Göschen Band 1)

Kudrun und Dietrich-Epen

in Auswahl mit Wörterbuch von Otto L. Jiriczek
6. Auflage, bearbeitet von Roswitha Wisniewski
173 Seiten. 1957. DM 3,60
(Sammlung Göschen Band 10)

Walter de Gruyter & Co · Berlin 30

FSC
www.fsc.org
MIX
Papier | Fördert gute Waldnutzung
FSC® C083411

Kolibri 360 GmbH
Ferdinand-Jühlke-Straße 7
99095 Erfurt, Deutschland
produktsicherheit@kolibri360.de